PARANORMAL

ET

UFOLOGIE

Du même auteur

Hurle ton silence pour briser la loi du silence un livre qui parle des différents harcèlement qui et à vente sur le site Amazon.

La journée d'un Sans Domicile Fixe qui parle sur les sans abris qui et à vente sur le site Amazon.

Les 10 ingrédients essentiels pour qu'un couple fonctionne qui parle sur la vie de couple qui et à vente sur le site Amazon.

Avant - Propos

Bonjour vous êtes pas toujours poser la question ce qui a après la mort ? C'est quoi le paranormal et l'ufologie. C'est la question que l'humanité toute entière se pose depuis la nuit des temps.
Beaucoup parle de réincarnation, d'esprit, de paradis, de l'enfer, etc..........

Préface

Je vous écrit ce livre pour vous parlez du paranormal et de l'ufologie .

Sommaire

Paranormal

Ufologie

On née d'un spermatozoïde, on grandi 9 mois dans le vendre de notre mère, on voie le jour, on et un nourrisson, un bébé, un enfant, un adolescent, un adulte, une personne âgée, et on décède mes la toute et la question qu'est ce qui a après la mort?, beaucoup disent que notre enveloppe corporel quitte notre corps pour aller au paradis ou en enfer, d'autre parle qu'on devient un esprit (fantôme), d'autre racontent qu'on ce réincarne, d'autre disent qu'on devient extraterrestre, etc...... beaucoup ce pose la question il y'a des chercheurs qui font des recherche on les appel les chasseurs de fantôme ou enquêteur en paranormal ou ufologie.

Une étude confirme qu'il y a « quelque chose » après la mort.

La vient les scientifiques, chercheurs et enquêteurs dans le monde du paranormal et ufologie.

Il ne faut pas les confondes avec les films comme Ghost buster est un film américain d'Ivan Reitman, sorti en 1984, Ghost un film fantastique américain de Jerry Zucker, sorti en 1990, ou la série Américaine Ghost Whisperer de John Gray ou encore les reportages comme TAPS, Ghost-Hunters ou Ghost-Adventures se sont des professionnel et passionné et ils font sa gratuitement si on vous demande de l'argent la vous devez vous méfié si vous souhaitez de devenir un chasseur de fantômes je vous conseil de lire le livre de Erick Fearson Manuel du chasseur de fantômes que vus pouvez trouver sur le site Amazon ou sur son site internet.

Le paranormal est partout, mais au fond c'est quoi ? Explications !

Le mot paranormal est utilisé pour expliquer un phénomène dont la cause est inconnue de la science.

Le préfixe para, signifie quelque chose, qui n'entre pas dans la norme ou qui n'est pas normal.
Ici, la norme est tirée du consensus scientifique (jugement et opinion de la communauté scientifiques dans un domaine précis).
Un phénomène est dit paranormal, lorsque celui ci ne peut être expliqué par les lois de la nature.
Les parapsychologues, se sont donnés pour mission d'étudier le phénomène d'un point de vue plus scientifique, qui de leurs points de vue y voient la capacité extrasensorielle ou même encore la psychokinésie.
Malgré le nombre de laboratoire de parapsychologie dans beaucoup de grands institutions, le paranormal est très peu étudié, à cause de son sujet traité qui demeure pour beaucoup pas très sérieux.

<u>Quelques phénomènes dits paranormaux :</u>
Plusieurs phénomènes paranormaux ont été répertoriés, voici la liste de quelques uns d'entre eux:
–Le concept de Psi (concept qui regroupe d'un coté les phénomènes extrasensorielles prémonitions, télépathie et de l'autre la psychokinésie).
–L'hypnose (qui lui a été prouvé et reconnu scientifiquement), ainsi que la divination, le magnétisme, la géobiologie (qui eux, au contraire de l'hypnose, ne sont toujours pas reconnu par la science).
–Les E.M.I. plus communément connus sous le nom d'expérience de mort imminente.
–Les moyens de communication, tels que l'auto-écriture, les P.V.E. (Phénomènes Voix Électronique), ou plus simplement les médiums et clairvoyants.

– Les apparitions (poltergeist (esprit frappeur), ectoplasmes, esprit résiduelle, esprit intelligent, esprit récurrente, esprit historique, esprit fantômes d'un défunt, orbe etc.........).
– La cryptozoologie.
A ne pas confondre le paranormal et le surnaturel, qui ce dernier, implique des causes divines.

<u>Les théories du paranormal selon quelques philosophes, médecins, et biologistes :</u>

Déjà les anciens grecques, avaient quelques hypothèses sur ce qu'est le paranormal.
PLATON, lui, expliquait la divination par la fureur divine, dont l'amoureuse, la poétique, la mystique et la prophétique.
Il associa la divination à l'âme irrationnelle.
ARISTOTE, jeune et proche dans les pensées de Platon, admet la précognition et attribue le paranormal à un sens innée de l'âme.
D'après lui, elle s'exerce soit quand elle se retire du corps au moment du sommeil, soit au moment où elle s'apprête à quitter le corps au moment de notre mort.
Dans ses derniers essais sur le paranormal, il avança une autre hypothèse, celle du stimuli externes, transmis par les ondes dans l'eau ou dans l'air.
PARACELSE, avança lui des hypothèses embrouillées et multiples, dont celle de lumière astrale.
PLUTARQUE, émets l'hypothèse que les êtres spirituels pensant, provoquent des vibrations dans les airs qui permettent à d'autres êtres spirituelles, ainsi qu'à certain êtres dotés d'une sensibilité hors du commun, d'appréhender leur pensées.

POSEIDIONOS, lui, mélange 3 théories, l'innéisme, l'animisme et le providentialisme.

Critiques sur le paranormal :

Pour les scientifiques, les histoires paranormaux est et restera une affaire de charlatan quoi qu'il arrive et que toutes études révélant l'existence de ces phénomènes, seront considérées comme de la pseudo-science.
Ainsi le scepticisme, ou dans sa version francophone la zététique étudie les phénomènes paranormaux avec un regards plus scientifique, pour but de faire avancer la science ou selon eux, faire reculer le charlatanisme.
D'après ce qu'ils disent, aucune personnes se disant détenteur de dons paranormaux n'a remporter le défi zététique international.
Lyrics: la divination est un art occulte qui permet de découvrir ce qui nous est inconnue comme l'avenir, les secrets, les mystères, les trésors, les maladies et j'en passe.
Et cela par des moyens pas très rationnels, tels que magique, psychédélique, analogiques ceux qui le pratiquent posséderaient une connaissance de deux inconnues l'avenir et le caché, ainsi que de multiples procédés comme l'astrologie, les boules de cristal, les sortilèges.
Magnétisme: le magnétisme est un phénomène, par lequel des forces attractives et répulsives se manifestent d'un objet à un autre.
Ces objets magnétisables, réagissent à des C.E.M. (champs électromagnétiques) par une quelconque réaction d'orientation ou de déplacement dépendant de la force et de l'orientation.

Géobiologie: La géobiologie est l'étude de la réaction de l'environnement sur les êtres vivants, et notamment les ondes liées au C.E.M. tels que les courants d'eau souterrains, les réseaux métalliques.
Les physiciens en général, ainsi que les médecins et géologues voient plutôt la géobiologie comme une pseudo-science, du fait qu'elle ne suit pas les démarches scientifiques et ne donne aucun résultat pouvant être confirmé par la science.
E.M.I: plus souvent appelée Expérience de Mort Imminente, que se passe-t-il après la mort ? Si la science n'a pas encore répondu précisément à cette question , une étude anglaise vient d'établir qu'il se passe bien « quelque chose » après l'arrêt des battements du cœur.
Survient la plupart du temps à la suite d'un accident grave ou lors d'une opération.
Elle nécessite la sortie de l'âme du corps pendant un court instant avant de reprendre place dans le corps terrestre.
Plusieurs personnes se dit avoir déjà vécus une expérience de mort imminente.
On a tous entendu, dans notre entourage ou dans les médias, les témoignages de personnes ayant vécu une expérience de mort imminente qui déclarent avoir eu des visions ou ressenti des sensations alors même qu'ils étaient en état de mort clinique ou dans un coma très profond.
Jusqu'à aujourd'hui les scientifiques pensaient qu'il s'agissait simplement d'hallucinations.
Une équipe de chercheurs de l'université de Southampton (Royaume-Uni) vient pourtant de prouver qu'il se passe réellement quelque chose après l'arrêt cardiaque du patient.

Cette équipe a recueilli pendant 4 ans (entre 2008 et 2012) les témoignages de personnes qui ont vécu une expérience de mort imminente.
Elle a étudié 2 060 cas d'arrêts cardiaques dans quinze hôpitaux du Royaume-Uni , d'Autriche et des États-Unis.
Sur les 330 personnes qui ont survécu, 140 ont témoigné avoir eu des moments de conscience avant d'être réanimés.
1 patient sur 5 décrit une sensation d'apaisement.
Ils ont constaté que 40% de ceux qui ont survécu à leur arrêt cardiaque évoquent une sensation étrange de conscience, alors qu'ils étaient en état de mort clinique.
Selon l'étude, 39% des patients interrogés se rappellent avoir eu conscience de ce qui leur arrivait, sans pour autant en garder un souvenir précis.
Parmi eux, 46% ont fait état d'un sentiment de peur ou de persécution, 9% ont connu une expérience de mort imminente, et 2% ont affirmé être pleinement conscients, avoir eu la sensation, en quelque sorte, de "sortir" de leur propre corps, et d'avoir vu et entendu des choses après que leur cœur se soit arrêté.
Un patient sur cinq décrit par ailleurs une sensation d'apaisement dans l'instant après la mort.
« Nous savons que le cerveau ne peut pas fonctionner quand le cœur s'arrête, explique le spécialiste en soins intensifs, en médecine interne et respiratoire et directeur de l'étude.
Mais avec cette étude, nous observons que les individus restent « conscients » trois minutes après l'arrêt du cœur ».
L'année dernière, une équipe de chercheurs américains avait également déclaré qu'il existait un état de conscience après la mort clinique.

La communauté scientifique avait contesté ces résultats.
Les résultats de l'étude ont été publiés le 7 octobre 2014 dans la revue scientifique « Resuscitation » (en Anglais).
Le docteur, comme la plupart des scientifiques, avait toujours nié la réalité des expériences de mort imminente (EMI).
Neurochirurgien formé dans les meilleures écoles américaines, il pensait que si les EMI semblent bien réelles, elles ne sont en fait que de simples fantasmes produits par un cerveau en situation de stress extrême.
Pourtant, à la suite d'une maladie rare, le docteur Eben Alexander est plongé dans le coma, en état de mort cérébrale.
Au bout de sept jours, alors que ses médecins envisageaient de le «débrancher», ses yeux se sont ouverts.
Il était revenu à la vie.
La guérison du médecin est en soi un miracle médical.
Mais le véritable miracle réside ailleurs.
Alors que son corps était plongé dans un coma profond, le médecin a voyagé au-delà de ce monde, au sein des nouveaux les plus profonds de l'existence supra-physique, et ce qu'il en rapporte est tout simplement inimaginable !
Pour autant, l'aventure du docteur Eben Alexander n'est pas une fiction.
Il démontre, par des faits précis, que la mort du corps et du cerveau n'entraîne pas la fin de la conscience, que l'expérience humaine continue au-delà.
Vécue par n'importe qui d'autre, cette histoire serait déjà extraordinaire.
Mais le fait qu'elle soit arrivée à un neurochirurgien la rend révolutionnaire.
Aucun scientifique ni aucune personne de foi ne pourra l'ignorer.

Il a écrit un livre qui ce nome la preuve du paradis (A proof of Heaven), de Eben Alexander traduit de l'anglais (États-Unis) par Jocelin Morisson Guy Trédaniel Éditeur, 2013, 237 pages.

Sans verser dans un discours «concordiste», certains spécialistes musulmans qui ont travaillé sur les expériences de mort imminente (EMI) affirme que le Coran évoque les EMI à travers le verset suivant: «Allah reçoit les âmes au moment de leur mort ainsi que celles qui ne meurent pas au cours de leur sommeil.

Il retient celles à qui Il a décrété la mort, tandis qu'il renvoie les autres jusqu'à un terme fixé.

Il y a certainement là des preuves pour des gens qui réfléchissent».

Voir également l'entretien réalisé avec un docteur l'esprit d'actu sur l'expérience de mort imminente.

Plongés dans un profond coma ou morts cliniquement, des millions d'individus dans le monde font le même récit après leur réanimation:"la sensation de se détacher de leur corps, d'assister à leur propre réanimation".

Un Hadith du Prophète (SWAS) évoque à ce sujet: "A la mort de l'homme, son âme quitte son corps.

Certains y répondent par la négative: " Il n'y a rien ", ou bien " Le trou , et puis plus rien après ".

Pourtant, à la fin de leur vie, après avoir vécu comme s'il n'y avait rien, ils se mettent à penser " qu'il y a peut-être quelque chose ".

Les chrétiens ne sont pas les premiers à affirmer qu'il existe une vie après la mort.

Toutes les cultures où l'on enterrait la personne avec de quoi vivre, manger, chasser, se défendre dans " l'au-delà ", percevaient déjà que l'homme n'est pas fait pour la mort. En procurant au défunt des offrandes propitiatoires pour les autorités ou dieux du séjour des morts, on pensait également qu'il y avait une justice, une rétribution, différents sorts possibles dans l'autre vie.

Chez les Grecs, " la barque de Charon ", pour passer le fleuve qui délimitait le séjour des morts, marquait de façon symbolique le grand passage vers les " Champs Élysées ", symbole d'une autre vie.

Quant aux philosophes grecs, tels que Platon , non seulement ils pensaient à une "vie après la mort", mais ils avaient aussi la conception d'une " vie avant la vie".

Dans ce cadre, la vie terrestre et corporelle était une déchéance, et la mort libérait l'âme du fardeau du corps.

L'idée d'éternité n'est donc pas étrangère à l'homme, elle lui est comme naturelle.

La façon d'envisager l'après est évidemment très différente et ne se pose plus de la même façon depuis le Christ et l'influence du christianisme sur la pensée: Les anciens Bretons, avant le christianisme, imaginaient, par exemple, la vie après la mort comme une série de trois vies la première étant le modèle plus ou moins sûr des deux suivantes ou bien encore, comme une seconde vie sans fin déterminée mais dans une île impossible à atteindre par les vivants de la première vie.

Les communistes, matérialistes, niaient la vie après la mort. Cependant, ils avaient aussi leur paradis: La société sans classe des " lendemains qui chantent ".

Cet avènement paradisiaque, supposé se vivre ici-bas par les générations futures, s'est longtemps fait attendre et a découragé nombre de ses adeptes.

Les tenants de la réincarnation ont substitué, à la vie éternelle tant désirée, une autre explication: C'est de revivre ici-bas plusieurs fois mais dans d'autres rôles, d'autres personnes; ce qui est différent des " trois vies celtiques " où c'est la même et unique personne qui revit.
Les musulmans croient en un " Paradis " qui verra la rétribution des bons mais celui-ci est bien matériel par sa description et déconcertant en rapport à nos aspirations les plus profondes.
Pour les chrétiens, Dieu a envoyé son fils, Jésus Christ, qui s'est fait vrai homme pour nous faire connaître son amour et sa promesse de résurrection.
Lui-même est ressuscité le troisième jour après sa mort.
Il est sorti du tombeau et est apparu vivant à ses disciples, qui l'ont vu et en ont témoigné.
La Résurrection du Christ n'est pas saisissable directement par l'histoire; elle pose une question à l'histoire et à tous les hommes.
Mais le témoignage de ses disciples sur la rencontre du Ressuscité, lui est historique.
Ils en ont témoigné jusqu'au " martyre ".
La foi dans la résurrection des morts s'appuie sur cette résurrection de Jésus.
Le Dieu qui nous a créés ne l'a pas fait pour l'espace d'une vie terrestre comme un jeu ou une absurdité.
Par amour, alors que nous n'existions pas encore, il nous a donné la vie et il continue, par amour, de nous appeler à la vie éternelle avec lui.
C'est ce qu'on appelle " le Ciel ".

Ce Ciel en effet, c'est la vie éternelle de bonheur sans fin avec Dieu et " tous les saints ".

Il ne s'agit ni d'un paradis matériel où nous revivrions une vie terrestre (témoins de Jéhovah), ni d'un paradis spiritualiste où les âmes seraient définitivement dépouillées de toute incarnation (Platon) et de toute personnalité (bouddhisme): Dans le résumé de leur foi, le credo , les chrétiens croient en la " résurrection de la chair ", c'est-à-dire de l'âme et du corps ensemble comme le Christ Ressuscité.

Offrandes permettant de gagner la clémence des dieux.

" Puis je vis un ciel nouveau et une terre nouvelle.

J'entendis alors une voix clamer "Voici la demeure de Dieu avec les hommes; il aura sa demeure avec eux.

Il essuiera toute larme de leurs yeux: De mort il n'y en aura plus; plus de cri, plus de peine, car l'ancien monde s'en est allé.

QU'EST-CE QUE LA VIE ?

Parce que oui, c'est bien de vouloir savoir ce qu'il y a après la mort, nous allons nous intéresser.
Ce dernier nomme vie ce qui diminue l'entropie de l'univers, ce qu'on appelle néguentropie.
Personnellement, j'aime beaucoup cette définition car elle est universelle à tous les organismes vivants de l'univers.
Même dans une autre galaxie, avec un autre métabolisme que le notre, je suis sûr que les individus vivants répondront à cette définition.
Du coup, il me semble important de définir ce qu'est l'entropie.
L'entropie est le désordre moléculaire.
Quand on parle de désordre en thermodynamique, il faut parler d'une diminution des interactions entre des atomes.
Par exemple, si vous mettez un glaçon dans un verre, par échange d'énergie entre le glaçon et le liquide, le glaçon va fondre et passer d'un état solide à un état liquide.
Pourquoi? Parce que les interactions entre les molécules d'eau du glaçon vont diminuer, ce qui va changer la configuration de ces dernières et former ainsi un liquide.
Il faut savoir que l'entropie d'un système fermé tend à augmenter naturellement, c'est la seconde loi de thermodynamique.
En effet, si vous laissez un glaçon dans un milieu isolé, au bout d'un certain temps, très long, il se transformera en gaz.
Et pour la Néguentropie, c'est l'inverse, un gaz redeviendra un glaçon.

Soyons fous, sortons de la molécule d'eau, et parlons de nous, êtres vivants organisés à l'échelle microscopique ! Donc nous n'allons plus parler de néguentropie, mais nous allons parler de dysentropie, qui est la même chose, mais appliquée aux systèmes dynamiques comme une bonne orgie des familles.

La dysentropie conduit à un état d'auto-organisation des systèmes dynamiques, ce qui est une des caractéristiques essentielles à la vie ! ce qui rajoute encore du crédit à la définition de Schrödinger !

QUID DU POIDS DE L'ÂME ?

Si on extrapole un peu la chose, on peut imaginer que cette dysentropie est ce qui constitue notre "Essence", ce qui fait qu'on ne peut pas réanimer une personne décédée en dehors de Jésus Christ.
D'aucun parlerait d'âmes, soyons fous, faisons comme eux.
Dans ce cas là, la mort serait le fait de perdre l'âme.
Je vous vois déjà venir avec l'expérience Duncan.
Duncan avait pesé des individus sur leur lit de mort et avait relevé des différences de masse, sauf qu'il n'avait que 6 individus sous la main pour faire l'expérience et un seul résultat sur 6 allait dans le sens de son hypothèse, ce qui est insuffisant.
En tant que fan d'Inception, je dirais We need to go deeper.
En effet, Duncan disait que l'âme pèse 21 grammes, ce qui expérimentalement n'a rien donné.
Ce n'est pas grave, si on considère que l'âme est une conséquence de la dysentropie, la dysentropie étant au niveau énergétique une conservation d'énergie, on peut dire que l'âme est une énergie contenue dans les individus.
Et comme l'a dit Einstein, Energie = Masse multipliée par la vitesse de la lumière au carré ! Maintenant, imaginons que la masse de l'âme soit d'un microgramme, donc 1×10^{-9} kg.
Selon la loi $E=mc^2$, cette masse est équivalente à 9×10^7 Joules, ce qui est le double de l'énergie dégagée par la combustion d'un kilogramme d'essence, j'aurai pas dû dire ça, parce que je sens que la démocratie américaine va s'intéresser à la chose.
Et une variation d'un microgramme sur une personne, ce n'est pas facile à percevoir sans matériel approprié, ce qui pourrait expliquer l'échec de Duncan.

Bien sur, tout ce que je dis ne sont que des suppositions, j'expose juste mes idées en vous expliquant des choses de la thermodynamique, mais ça ne veut pas dire que c'est la réalité.

DU COUP, QU'Y A-T-IL APRÈS LA MORT ?

Comme nous l'avons indirectement défini, la mort est la perte de l'âme.
Donc la perte de l'énergie emmagasinée en nous par dysentropie.
Si l'énergie quitte notre corps, elle va se dissiper dans l'univers, cette dissipation d'énergie va augmenter l'entropie de l'univers, ce qui est logique vu qu'à la base, c'est une diminution d'entropie de l'univers qui va créer la vie selon notre définition ! Donc quand vous mourrez, vous ne faites plus qu'un avec l'univers, ou avec la Force.
Petit aparté, la mort thermique de l'univers, hypothèse qui fut confirmée récemment, est due justement au fait qu'un jour, l'univers va arriver à son entropie maximale, faisant que sa température sera à 0K.
Du coup, mourir contribue à la mort de l'univers par augmentation d'entropie, et la vie contribue à le garder en vie par effet inverse, je trouvais ça joli d'un point de vue philosophique.
Continuons, comme nous l'avons dit dès le début, la vie est due à une dysentropie, et sur Terre, cette dysentropie est entretenue par l'énergie du soleil qui est captée par les individus capables de photosynthèse.
Imaginons que tous les individus aient un tel mécanisme de captation d'énergie pour entretenir leur dysentropie, cela voudrait dire que nous utilisons l'énergie de l'univers pour exister, et donc, nous utilisons d'une certaine manière l'âme de nos morts pour vivre.
Ce qui n'est pas impossible car rien ne se crée, rien ne se perd, tout se transforme.
D'aucun parleraient de réincarnation, mais j'ai pas envie.

Je sens que je vous ai un peu perdu donc on va faire un résumé ! selon notre définition, la vie est due à une baisse d'entropie de l'univers, qui a permis l'auto-organisation ou l'autopoïèse de cellules.

Cette baisse d'entropie, ou la dysentropie, serait notre âme, car sans elle, nous sommes morts et c'est ce qui explique pourquoi on ne peut pas ressusciter.

Cette dysentropie se traduit physiquement par l'emmagasinement d'énergie pour entretenir les mécanismes de la vie à partir de l'énergie de l'extérieur.

Quand on meurt, cette énergie se dissipe dans l'univers, augmentant son entropie.

P.V.E: Communément connus sous Phénomènes de Voix Électroniques sont l'enregistrement d'une voix désincarnée, sur un appareil électronique, tel qu'un répondeur, un enregistreur ou bien même un téléphone.

Ces sons seraient la voix de nos êtres cher, qui tenteraient de communiquer avec nous.

Clairvoyant: Ou une clairvoyante est une personne ayant la faculté de voir et discuter avec les esprits.

Ne pas confondre avec les voyants, qui eux peuvent sois disant voir l'avenir, ni avec les médium qui eux capte seulement l'énergie spirituelle d'une personne disparue.

Plusieurs clairvoyante de renommée ont, à plusieurs fois aidé la police à résoudre des crimes et des disparitions.

Poltergeist: (En Allemand) est un esprit frappeur, qui peut ouvrir les portes, tirer des chaises, taper dans les murs.

Il peut aussi bien vous tirez les cheveux ou vous tirer à terre, il a pour but d'embêter les personnes installés dans une maison.

Ectoplasmes: Est une manifestation fantomatique.

Elle a une substance de nature indéterminé, prenant plus ou moins une forme.

Esprit: Et notre âme qui quitte notre corps il y'a l'esprit résiduelle ne réagi pas à la présence humaine, il agit comme si vous n'étiez pas là, les phénomènes qu'ils provoquent sont toujours les mêmes, telle une éternelle répétition. Par exemple, le fantôme d'une femme qui aimait se balancer sur un fauteuil de son vivant, continuera à le faire après sa mort et cela sans même faire attention à votre présence.

L'esprit intelligent réagi à la présence humaine, il sait que vous êtes là et est capable d'interagir avec vous, de communiquer, les phénomènes qu'ils provoquent sont divers (coups, déplacements d'objets, apparitions, phénomènes de voix électroniques), ils ne se répètent pas forcément continuellement.

L'esprit récurrente est un fantôme qui apparaît à l'intervalle réguliers une fois par an à une date précise, ils ne sont pas conscients de notre présence.

L'esprit historique il apparaissent vêtus de leur vêtement d'époque, traversent les murs, portes fermées, ils peuvent hanter plusieurs endroits à la fois, ils sont inoffensifs et ils ne sont pas conscients de notre présence.

L'esprit fantôme d'un défunt uniquement attachés à la familles, ils hantent chaque génération de cette même famille, ils avertissent la famille d'un danger, d'un décé , d'une maladie ou catastrophe à venir.

Orbe: Cercle décrits par un corps les orbes se présentent sous la forme de traces circulaires pâles généralement inhomogènes et de taille diverses, apparaissant parfois en grand nombre.

Elles apparaissent le plus souvent sur des photographies prises de nuit à l'aide d'un flash, tant dans des lieux ayant la réputation d'être hantés qu'à des endroits anodins.

Bien que le phénomène ait été connu depuis longtemps, c'est vers la fin des années 1990 qu'est apparue l'idée que les orbes relèvent du paranormal et que le nombre d'orbes photographiées a augmenté (vraisemblablement sous l'effet de la popularisation des caméras digitales, d'internet et d'émissions favorisant la mode des « chasses aux fantômes » amateurs).

Les orbes comme phénomène surnaturel la nature des orbes a fait l'objet de nombreuses spéculations dans le domaine du paranormal: Selon l'hypothèse « surnaturelle » la plus répandue à leur sujet, les orbes seraient des sortes de fantôme, esprit.

Une autre tentative d'explication veut que les orbes soient des boules de plasma, bien qu'aucune explication ne soit donnée quant à leur origine ou les raisons pour lesquelles elles ne seraient pas visibles à l'œil nu.

Puisqu'il s'agit d'objets non identifiés qui semblent en suspension dans l'air, les orbes sont parfois considérées comme des OVNI.

Malgré leur petite taille apparente et en raison de leur "sphéricité parfaite" supposée, certains pensent que les orbes sont des sortes de vaisseaux, à rapprocher des OVNI de plus grande taille qui se présentent sous la forme de sphères métalliques ou de boules de feu.

Le phénomène est pourtant connu des photographes et semble avoir une explication rationnelle, bien que celle-ci soit parfois contestée.

Explication il est communément admis que les orbes ne sont que des artefacts dus à la réflexion et à la diffraction de lumière (généralement celle du flash) sur des objets de petite taille en suspension dans l'air, tels que des poussières, du pollen, des gouttelettes d'eau (y compris de la brume), des flocons de neige, de petits insectes, poils, fils d'araignée, l'apparition des orbes est généralement due à deux phénomènes: La réflexion multiple du flash, suivie de sa diffraction par les petits objets en suspension devant la lentille.

L'aspect presque toujours circulaire des orbes peut être expliqué par le fait que la mise au point n'est pas faite sur les particules responsables de la diffraction de la lumière floues, elles apparaissent anormalement rondes et grandes. Les couleurs irisées observées chez certaines orbes et les motifs complexes qui y sont parfois distinguables sont respectivement attribuables à la décomposition de la lumière par les particules, qui se comportent comme des prismes, et à l'interférence de la lumière avec elle-même. Bien que des orbes aient également été observées sur des photographies argentiques, elles apparaissent le plus souvent sur les photographies numériques.

Cela serait dû au fait que, dans les appareils digitaux, très compacts, la distance entre la lentille et le flash est plus petite, ce qui diminue l'angle de réflexion de la lumière et augmente les chances que la lumière réfléchie soit photographiée par l'appareil.

Le phénomène est aussi fréquemment observé sous l'eau, où les particules en suspension et petits organismes sont particulièrement nombreux et où l'utilisation d'une source d'éclairage est souvent nécessaire.

Des orbes peuvent également être observées dans les scènes éclairées en vision nocturne.

Cette explication est toutefois parfois contestée dans les milieux du paranormal: Elle n'expliquerait par exemple pas de manière satisfaisante pourquoi il arrive que, lorsque deux photographies sont prises dans la même direction et pratiquement au même moment par deux personnes différentes, il arrive que des orbes n'apparaissent que sur l'une d'entre elles.
Certains n'admettent l'explication que dans une partie des cas seulement et comme pour les crop circles, sont d'avis qu'il existe de "vraies" et de "fausses" orbes, les premières étant surnaturelles et les secondes étant dues à des particules en suspension.
Cryptozoologie: Est l'étude d'animaux, supposé éteinte depuis des millions d'années.
Les zoologues s'y intéressent parfois, mais contrairement à la cryptozoologie, ils cherchent la preuve de la non existences des animaux.
la cryptozoologie signifie littéralement "science des animaux cachés".
Il s'agit de l'étude des animaux inconnus ou supposés éteints.
En d'autres termes, les cryptozoologues s'intéressent aux animaux dont l'existence même est controversée, comme par exemple le Chupacabra ou le Monstre du Loch Ness.
Pour cela, ils s'appuient sur des témoignages, des pièces anatomiques ou des photographies plus ou moins nettes et de valeur contestable.
Considéré par beaucoup comme une pseudo-science, ce domaine est vivement critiqué par les sceptiques.
Mais contrairement à ce que bon nombre de gens peuvent croire, les cryptozoologues ne sont pas des illuminés à la recherche de dragons et de licornes.

Généralement, on évoque la cryptozoologie dans des émissions ou des ouvrages où le mot "monstre" est fréquemment utilisé.
Mais au fond, qu'est ce qu'un monstre? un animal méconnu est-il forcément monstrueux?
on appelle un monstre un sujet dont les habitudes ou l'aspect diffèrent sensiblement ce ceux de ses congénères. Difficile donc de qualifier de "monstre" un animal dont on ne sait pas grand-chose.
Des animaux de légendes bien réels ! Des animaux comme l'okapi, le saola, le dragon de Komodo ou encore le requin grande-gueule étaient considérés comme des créatures de légendes, alors qu'ils sont bien réels.
On a aussi découvert qu'ils restaient encore quelques cœlacanthes, une espèce de poissons que l'on croyait éteinte depuis des milliers d'années ! Tout cela grâce à la cryptozoologie.
Providentialisme: Le providentialisme est la croyance selon laquelle la volonté de dieu entre en compte a chaque événements pris ou passé; elle est décrite comme une puissance tellement forte qu'aucun hommes ne peut égaler cette puissance divine.
Zététique: Le zététique est définit comme l'art du doute. Elle est présentée comme l'étude rationnelle des phénomènes paranormaux, des pseudo-sciences et des thérapies étranges.
La zététique est destinée aux théories scientifiquement réfutables.
Défi zététique international: Le défi zététique international avait pour objet de mettre en évidence l'existence ou non des phénomènes paranormaux.

Ufologie: (Les O.V.N.I Objet Volant Non Identifié et ses cercles de culture , extraterrestre , Alien etc.......).
Ufologie, une histoire contemporaine l'ufologie ou l'ovniologie, est une discipline qui consiste à recueillir, analyser et interpréter tout ce qui se rapporte au phénomène ovni (photographies, témoignages, traces au sol par exemple).
L'acronyme anglais ufo (unidentified flying object) fournit la racine du mot ufologue qui a été inventé par le capitaine Edward J. Ruppelt (premier directeur du projet Blue Book) en 1952 pour remplacer l'expression populaire de « soucoupe volante ».
L'ufologie est marquée par son caractère de recherche non-officielle sur le phénomène des ovnis, à l'inverse des études officielles de l'US Air Force ou du CNES par exemple.
Contrairement à une idée reçue, les ufologues ne sont pas forcément des défenseurs de l'hypothèse extraterrestre, ils peuvent tout aussi bien étudier l'aspect socio psychologique de ce phénomène et être totalement sceptiques face à l'existence réelle des ovnis ou encore défendre des théories paranormales.
Parmi les ufologues se retrouvent des scientifiques et des ingénieurs mais en plus grand nombre des personnes sans formation scientifique spécifique mais animées d'une grande passion pour le phénomène ovni.
Naissance de l'ufologie
L'ufologie est apparue dans les années 1950, en même temps que la médiatisation de l'observation de Kenneth Arnold et de l'incident de Roswell, traduisant le besoin chez certaines personnes de comprendre le phénomène et de s'informer à son sujet.

D'autres affaires, comme le témoignage troublant de l'équipage d'un vol d'United Airlines rapportant que neuf objets en forme de disque les auraient escortés au-dessus de l'Idaho dans la soirée du 4 juillet 1947 ou la mort du capitaine Mantell, dont l'avion s'écrasa en poursuivant un ovni, contribuèrent à faire prendre ces mystérieuses observations au sérieux.

En dépit d'une tenace légende urbaine, l'incident de Roswell n'eut, en 1947, que peu de retentissement, car l'histoire d'occupants trouvés dans les débris ne prit corps que dans les années 1980.

La première interprétation du phénomène des soucoupes fut qu'il s'agissait d'engins terrestres secrets (AVNI : "arme volante non-identifiée").

Cependant, dès 1950, avec les trois premiers livres consacrés aux soucoupes, apparut l'idée qu'il s'agissait d'engins extraterrestres.

Associations d'étude de très nombreuses associations à travers le monde s'intéressent aux ovnis. Si certaines ne sont pas fiables, voire affichent leur sectarisme, d'autres en revanche sont sérieuses.

Parmi elles : le Center for UFO Studies (CUFOS), association internationale de scientifiques fondée en 1973 par l'astronome Josef Allen

le Comité nord-est des groupes ufologiques (CNEGU), groupe ufologique francophone qui travaille dans une optique sceptique, plus particulièrement dans le cadre du modèle socio psychologique;

Dans une première partie, ce rapport se contente de citer quelques cas d'observations d'ovnis n'ayant pu être expliqués rationnellement et quelques cas d'observations d'ovnis ayant été élucidés.

La deuxième partie expose les différentes hypothèses de la recherche en France et à l'étranger sur le sujet.
La troisième partie, quant à elle, analyse les conséquences politiques et stratégiques du phénomène.
Chose notable, ce rapport conclut à « la réalité physique quasi certaine d'objets volants totalement inconnus » et « L'hypothèse extraterrestre, en déduisent les auteurs du rapport, est de loin la meilleure hypothèse scientifique ; elle n'est certes pas prouvée de façon catégorique, mais il existe en sa faveur de fortes présomptions, et si elle est exacte, elle est grosse de conséquences. »
Font partie de l'association COMETA, présidée par le général Letty: Michel Algrin (docteur d'État en sciences politiques, avocat à la cour), Pierre Bescon (ingénieur général de l'armement), Denis Blancher (commissaire principal de la police nationale au ministère de l'Intérieur), Jean Dunglas (docteur-ingénieur, ingénieur général honoraire du génie rural et des Eaux et forêts), Bruno Le Moine (général de l'armée de l'air), Mme Françoise Lépine (fondation pour les études de défense), Christian Marchal (ingénieur en chef des Mines, directeur de recherches à l'ONERA), Marc Merlo (amiral) et Alain Orszag (docteur d'État en sciences physiques, ingénieur général de l'armement).
Le Committee for Skeptical Inquiryl (anciennement Committee for the Scientific Investigation of Claims of the Paranormal ou CSICOP) est une organisation américaine qui se consacre à la critique des phénomènes « paranormaux » ou de disciplines qu'il juge pseudo-scientifiques comme l'ufologie, la parapsychologie, la cryptozoologie ou encore l'homéopathie.

Il s'agit d'une des organisations les plus importantes du mouvement sceptique contemporain, avec la Skeptics Society.
Le CSICOP a été fondé en 1976, par le philosophe Paul Kurtz et des membres aussi éminents que Carl Sagan, Isaac Asimov, James Randi, Martin Gardner.
Il publie régulièrement un journal, le Skeptical Inquirer (« l'enquêteur sceptique »).
Une commission, qui comprend par exemple Robert Sheaffer (ou encore Philip J. Klass de son vivant), se penche particulièrement sur le phénomène ovni;
Le Groupe d'étude des phénomènes aériens (GEPA) était une association française d'étude du phénomène ovni, fondée en 1962.
Elle regroupait des scientifiques et des militaires français.
Elle a été présidée entre 1964 et 1970 par le général Chassin.
Ce fut la première grande association ufologique scientifique française.
Le GEPA menait des enquêtes auprès des témoins, et en publiait des comptes rendus détaillés.
Par ailleurs, l'association publia cinquante et un numéros du bulletin Phénomènes Spatiaux et deux hors série.
Cette association a pu s'attacher la collaboration de scientifiques extérieurs comme Claude Poher (du CNES) ou Jean-Pierre Petit (du CNRS). En 1977, l'association prononça sa dissolution, le CNES ayant créé un organisme scientifique officiel d'étude des ovnis: Le GEPAN;
La Société Belge d'étude des phénomènes spatiaux (SOBEPS), fondée en 1971, est une association scientifique Belge d'étude des ovnis présidée par le chimiste Michel Bougard.

Elle milite pour une étude scientifique, rigoureuse et sans a priori du phénomène ovni.
Elle est devenue célèbre pour sa collaboration officielle avec l'armée Belge lors de la vague belge.
La(SOBEPS) devient la COBEPS(Comité Belge d'Etude des Phénomènes Spatiaux)en décembre 2007; Systèmes de classification des observations.
Classification de Hynek (voir dossier classification)
Josef Allen Hynek (1910-1986) était un astronome et ufologue américain.
Il est célèbre pour avoir été conseiller scientifique du projet Blue Book entre 1951 et 1969.
La « classification de Hynek » est une méthode de classification des observations d'ovnis non imputables, après enquête, à un canular, une hallucination ou une méprise.
Elle a été proposée en 1972 par Josef Allen Hynek, dans son livre L'Expérience des ovnis: Une étude scientifique (The UFO Expérience: A Scientific Study en anglais).
Le système est le suivant, du cas le plus banal au moins commun: Lumières nocturnes (NL): Les témoins voient juste une ou plusieurs lumières dans le ciel nocturne à plus de 150 mètres de distance, qui leur paraissent anormales.
Disques diurnes (DD): Les témoins voient un ovni lointain. Contrairement à ce que le nom peut faire penser, l'ovni en question n'a pas forcément la forme d'un disque.
On qualifie de DD tout ovni vu le jour à une distance supérieure à 150 mètres (observation de Tananarive par exemple).
Radar-optique (RV): L'ovni est vu à la fois en visuel et sur un ou plusieurs écrans radars, comme dans le cas de l'incident de Téhéran en 1976.

Rencontre rapprochée du premier type (RR1): Les témoins voient un ovni quel qu'il soit à moins de 150 mètres.
Rencontre rapprochée du deuxième type (RR2): L'ovni laisse des preuves matérielles, comme des traces au sol (cas de Trans-en-Provence en 1981 par exemple).
Certains pensent que les agroglyphes entrent dans cette catégorie.
Rencontre rapprochée du troisième type (RR3): Les témoins voient un ovni et ses occupants, ou alors seulement les prétendus occupants d'un ovni mais sans ce dernier.
L'incident de Kelly-Hopkinsville est classé comme RR3.
Par ailleurs, d'autres ufologues ont ultérieurement ajouté d'autres types: **Rencontre rapprochée du quatrième type (RR4):** Le témoin - qualifié alors d' "abducté" (de l'anglais "abductee") - prétend avoir été enlevé par les occupants d'un ovni.
Il y a deux types de rencontre RR4.
Dans une « RR4 de classe 1 », les victimes sont non consentantes et peuvent éprouver une déformation grave de la réalité, des trous de mémoire, des symptômes caractéristiques du traumatisme du rapt tels que la crainte et l'inquiétude, des effets physiologiques comme la paralysie, et une désorientation dans le temps et l'espace.
Le cas de Betty et Barney Hill est le plus célèbre.
Les « RR4 classe 2 » sont des évènements qui sont techniquement qualifiés d'enlèvement.
Il s'agit pourtant de cas où le témoin suit volontairement l'entité.
Rencontre rapprochée du cinquième type (RR5): Le témoin prétend être entré en communication avec les occupants d'un ovni.
Beaucoup de fabulateurs de la secte New Age prétendent avoir vécu une RR5.

Claude Vorilhon, fondateur de la secte des Raéliens, prétend lui aussi avoir été contacté par des extraterrestres, mais l'histoire est vraisemblablement une invention pure et simple, dont les fondements sont hors du domaine ufologique.

Nous passons ici dans le domaine de la croyance en un dogme où « l'extraterrestre » devient sujet d'un culte et porteur d'un message.

L'ufologie ne s'aventure dans approches cultistes.

Mais d'autres cas sont considérés comme étant véritablement dus à des phénomènes aérospatiaux non-identifiés classés D (c'est-à-dire qui ne peuvent être des canulars et pour lesquels aucune explication n'a pu être trouvée).

C'est le cas, par exemple, du "Dossier GEIPAN 13 juin 1990 TUBUAI (987) 1990[5]" lors de l'observation par des témoins de 6 disques lumineux.

L'un des disques a semblé "répondre" à la sollicitation de la torche lumineuse d'un témoin par un puissant phare blanc.

Rencontre rapprochée du sixième type (RR6): Un ou plusieurs témoins (ou animaux) sont tués par un ovni ou ses occupants.

Les cas de mutilations de bétail qui ne trouvent pas d'explication rationnelle sont souvent imputés à une RR6.

Classification de Vallée la classification de Vallée est un système de classification des observations d'ovni créé par l'ufologue français Jacques Vallée.

Elle est souvent préférée à la classification de Hynek, étant plus précise.

Premier Système Type - I (a, b, c, d) - Observation d'un objet inhabituel, de forme sphérique, en disque, ou d'une autre géométrie, situé près du sol (à la hauteur des arbres ou plus bas), auquel on peut associer des traces, ou des effets thermiques, lumineux ou mécaniques.
a - Au sol ou près du sol
b - Près d'un point d'eau
c - Les occupants de l'OVNI marquent un intérêt pour le(s) témoin(s) en faisant des gestes ou des signes lumineux
d - l'OVNI semble inspecter un véhicule terrestre

Type - II (a, b, c) - Observation d'un objet inhabituel de forme verticale et cylindrique dans le ciel, associé à un halo nuageux.
On donne à ce phénomène divers noms comme "cigare nuageux" ou "sphère nuageuse".
a - Avec des mouvements erratiques dans le ciel
b - Objet stationaire autour et "engendre" d'autres objets (les "objets satellites")
c - l'objet est entouré d'autres objets

Type - III (a, b, c, d, e) - Observation d'un objet inhabituel de forme sphérique, discoïdale ou elliptique, stationnaire dans le ciel.
a - Alternant période de mouvement et période stationnaire, avec des mouvements en feuille morte
b - Interruption d'un vol continu, puis reprise du mouvement
c - Changement d'apparence durant le stationnement
d - "Combats aériens" ou charge vers d'autres objets
e - Trajectoire modifiée durant un vol continu pour voler lentement autour de certaines zones ou pour changer soudainement de direction.

Type IV (a, b, c, d) - Observation d'un objet inhabituel en vol continu.
a - Vol continu
b - trajectoire modifiée par un engin conventionnel voisin
c - Vol en formation
d - Trajectoire en vague ou zigzag.

Type V (a, b, c)- Observation d'un objet inhabituel d'apparence indistincte, apparaissant comme un objet qui n'est pas entièrement solide ou matériel.
a - Diamètre apparent étendu, source lumineuse non-définie
b - Objets semblables aux étoiles, immobiles pendant de longues périodes.
c - Objets semblables aux étoiles traversant le ciel, éventuellement avec des trajectoires particulières.

Source: Challenge To Science: The UFO Enigma par Jacques et Janine Vallée, LC# 66-25843

Second Système en 1990, dans son livre Confrontations, Vallée proposa un nouveau système de classification, plus complet, en prennant en compte celui de Hynek.
Par ailleurs, ce nouveau système permet non seulement de classer les OVNI, mais aussi les phénomènes paranormaux : Anomalie (AN)

Type I: Observation : Lumière ou explosion mystérieuse

Type II: Effets physiques : poltergeists, agroglyphes

Type III: Entités : fantôme, extra-terrestre, animal cryptozoologiques (Yéti, Loch Ness, etc)

Type IV: Transformation de la réalité : NDE, vision ou hallucination à caractère religieuse

Type V: Blessure ou mort : combustion humaine spontanée, stigmates, etc.........

Vol rapproché (FB)

Type I: Observation : Trajectoire continue de l'OVNI

Type II: Effets physiques : OVNI laissant une trace physique

Type III: Entités : observation d'êtres (RR3)

Type IV: Transformation de la réalité : le(s) témoin(s) ont une impression de déformation de la réalité

Type V: Blessure ou mort : blessure ou décès causés par un OVNI (RR6)

Manœuvres (MA)

Type I: Observation : trajectoire discontinue de l'OVNI

Type II: Effets physiques : OVNI laissant une trace physique

Type III: Entités : observation d'êtres (RR3)

Type IV: Transformation de la réalité : le(s) témoin(s) ont une impression de déformation de la réalité

Type V: Blessure ou mort : blessure ou décès causés par un OVNI (RR6)

Rencontre Rapprochée (CE)

Type I: l'OVNI est proche (RR1)

Type II: Effets physiques : OVNI laissant une trace physique (équivalent à une RR2)

Type III: Entités : observation d'êtres (RR3)

Type IV: Transformation de la réalité : Enlèvements (RR4)

Type V: Blessure ou mort : blessure ou décès causés par un OVNI (RR6)

Les différents courants ufologiques le courant « nuts and bolts » Traduit en français par "tôles et boulons".
C'est une interprétation des observations dans laquelle les ovnis sont des engins inconnus.
Ces engins furent d'abord imaginés comme d'origine terrestre, comme le pensait le journaliste Henry Taylor, qui y voyait des engins secrets de l'armée américaine.
On peut remarquer qu'on n'avait pas attendu Kenneth Arnold pour voir des engins mystérieux dans le ciel.
Dès le XIXe siècle on voyait déjà de mystérieux dirigeables (les fameux airships), auxquels succédèrent les avions fantômes.
Après 1950, on pensera avec Donald Keyhoe à des engins extraterrestres, idée qui sera relayée en France par Jimmy Guieu.

Dans cette dernière hypothèse, une soucoupe volante n'est plus qu'un engin navette, rattachée à un engin interplanétaire, en forme de grand cigare.
Le courant des « contactés ».
Certains témoins déclarent avoir fait des rencontres au-delà des RR3, et communiqué avec des occupants d'ovnis.
Ce sera le cas d'Adamski, Howard Menger, Daniel Fry, Billy Meier, George King.
S'ils ont connu un certain succès dans les années 1950 à 1970, ils ne bénéficient plus d'une grande crédibilité aujourd'hui au sein de la communauté ufologique.
Ce courant peut être assimilé aujourd'hui à certains courants New Age ou assimilés tel que le mouvement raëlien fondé par Claude Vorilhon ou la secte de Heaven's Gate.
Le courant spiritualiste parmi ceux-ci, on peut mentionner un mouvement spiritualiste et occulte créé en 1875, à New York : la « Société théosophique, synthèse de la science, de la religion et de la philosophie » par Helena Blavatsky.
En effet, si la théosophie se fonde sur l'idée d'un enseignement ancien (la Tradition primordiale), transmise par une fraternité de Maîtres de Sagesse supposés résider en Inde, elle incorpore dans sa doctrine l'existence d'« êtres de lumière », veillant sur l'évolution de l'Humanité au cours des âges et venant d'autres planètes et systèmes solaires (Vénus, Sirius, etc............).
Ces êtres de lumière sont néanmoins davantage proches dans leur description d'« anges évolués » que des petits hommes verts de l'imagerie populaire.

Toutefois, si on peut voir dans le phénomène ufologique une continuité de l'interrogation occultiste de fin XIXe siècle et début XXe siècle, en termes de phénomène social (avant d'être scientifique), on peut dater la véritable base de l'ufologie aux années 1940.

Le courant « astro-archéologique ».

Dans les années 1970 se développe une sous-hypothèse de l'HET, menée par Erich von Däniken, avançant que des visites extraterrestres auraient eu lieu dans le passé, et que l'on peut en trouver des traces aujourd'hui.

Sont alors interprétés dans ce sens divers éléments archéologiques tels que les motifs de Nazca, peintures rupestres et statuettes d'"anciens astronautes".

Le courant conspirationniste certains courants extrêmes de l'ufologie avancent l'hypothèse qu'il existe des liens entre les ovnis, la recherche militaire et des intelligences extraterrestres ainsi qu'une théorie du complot rendue populaire par certaines séries américaines (X-Files, Taken, Roswell…).

En France, ces courants furent relayés par Jimmy Guieu.

Hypothèses et interprétations les statistiques issues d'études d'organismes gouvernementaux officiels indiquent que la majorité des témoignages d'ovnis reposent sur une identification erronée (méprise).

Depuis les années 1950 quelques scientifiques se sont intéressés aux ovnis.

Deux tendances principales sont apparues: D'un côté les sceptiques qui suivront la méthodologie et les conclusions du rapport Condon en affirmant que l'hypothèse socio psychologique ou l'hypothèse d'armes volantes non-identifiées sont les meilleures pour expliquer les cas d'ovni inexpliqués, en particulier parce qu'elles ne font pas appel à des éléments extraordinaires ou paranormaux.

Aujourd'hui, la majorité des scientifiques préfère adopter cette posture car ils considèrent qu'il n'existe pas d'éléments suffisamment probants pour soutenir l'hypothèse extraterrestre.

De nombreux sceptiques considèrent que l'ensemble des observations peut donc être ramené à des éléments prosaïques tels qu'une identification erronée de phénomènes astronomiques, météorologiques ou d'engins humains, à des canulars et à des phénomènes socio psychologiques (connus ou pas) tels que des méprises complexes, des illusions d'optiques, un phénomène optique inconnu ou encore une paralysie du sommeil (explication souvent donnée pour les prétendues abductions extraterrestres).

C'est sur ce point précis qui tend à expliquer tous les cas, même inexpliqués, par l'hypothèse socio psychologique, que certains ufologues et scientifiques contestent les sceptiques en estimant que les enquêtes officielles menées sur le sujet par différents gouvernements n'ont pas permis de déterminer la nature de l'ensemble des ovni et invitent à la poursuite des recherches, en particulier vis à vis des cas encore inexpliqués, même par l'hypothèse socio psychologique.

Parmi eux on retrouve des scientifiques comme Carl Sagan, Peter A. Sturrock, Josef Allen Hynek, Philip Morrison ou encore Thornton Page ainsi que les membres de l'actuel GEIPAN.

Un travail semblable sera également réalisé par le sous-comité ovni constitué au sein de l'AIAA par Kuettner.

Également Richard F. Haines ou Paul R. Hill, spécialistes en aéronautique de la NASA, étudieront divers cas et publieront des ouvrages techniques sur le sujet.

D'autres vont plus loin en estimant qu'une frange de cas inexpliqués pourrait être due à des visites extraterrestres et soutiennent l'hypothèse extraterrestre.
On retrouve parmi eux des scientifiques comme Jean-Pierre Petit ou Jean-Jacques Velasco.
Objet volant non identifié entre mythe et réalité.
Un objet volant non identifié (souvent abrégé OVNI, calque de l'anglais américain UFO qui signifie unidentified flying object) est un phénomène aérien qu'un ou plusieurs témoins affirment avoir observé sans avoir pu l'identifier, ou encore une trace qui peut avoir été enregistrée par différents types de capteurs (caméra vidéo, appareil photo, radar, etc.....) mais dont on ne connaît ni l'origine ni la nature exacte.
Les personnes étudiant ces phénomènes sont appelées ufologues (de l'anglais UFO suivi du suffixe « -logue ») ; l'équivalent en Français, ovniologue, est moins souvent employé.
L'ufologie (ou ovniologie) est donc l'étude des ufos ou ovnis.
En France, le GEIPAN parle plutôt de phénomène aérospatial non identifié (PAN), le terme de « phénomène » étant dans la majorité des cas plus approprié que celui d'« objet », même si le terme n'est pas utilisé dans la littérature scientifique par d'autres chercheurs.
Lorsqu'un ovni est identifié sans ambiguïté comme étant un objet connu (par exemple un avion, une météorite ou un ballon météorologique), il cesse d'être un ovni et devient un objet volant identifié. Dans ce cas précis, il n'y a pas lieu de continuer à utiliser l'acronyme "ovni" pour décrire l'objet.
Dans la culture populaire, le terme ovni s'utilise généralement pour désigner n'importe quel véhicule spatial extraterrestre supposé, mais « soucoupe volante » est aussi régulièrement employé.

Par extension, le terme ovni sert à désigner de manière humoristique un personnage ou un objet qui semble surgir de nulle part et qui n'a généralement pas d'avenir (exemple : « un ovni dans le paysage politique »).

Des observations d'ovnis ont été faites dans le passé, mais les rapports d'observations sont devenus plus fréquents à partir des années 1950, notamment aux États-Unis.

Selon l'ONU, 150 millions de témoignages ont été recensés dans le monde depuis 1947.

Histoire de l'ufologie et liste des principales observations d'ovni.

Préhistoire et Antiquité des récits de phénomènes aériens non identifiés existent depuis très longtemps.

D'après certains ufologues, des représentations étranges visibles dans quelques grottes ornées, telles celle d'Altamira en Espagne ou celle de Cougnac en France, pourraient être des représentations d'ovnis.

De plus, des statuettes ou des peintures (comme les fresques du Tassili, en Algérie) ressemblent étrangement à certaines représentations d'extraterrestres du XXe siècle, preuve, selon une partie de la communauté ufologique, de l'ancienneté du phénomène.

Certaines de ces apparitions étranges peuvent avoir été des phénomènes astronomiques comme des comètes ou des météores brillants, ou des phénomènes optiques atmosphériques.

L'analyse de ces faits passés est dénommée couramment rétro-ufologie.

En voici quelques exemples: Une description remontant au règne du pharaon Thoutmôsis III vers 1450 av. J.-C., fait état de multiples « cercles de feu plus brillants que le Soleil » d'environ 5 mètres d'envergure qui seraient apparus durant de nombreux jours.

Ils ont finalement disparu après « être montés haut dans le ciel ».

L'auteur romain Julius Obsequens écrit, en 99 av. J.-C., « dans Tarquinia pendant le coucher du soleil, un objet rond, comme un globe, a pris son chemin dans le ciel d'ouest en est ».

Moyen Âge et Renaissance à cette époque, il est surtout question de phénomènes occultes, chez des théoriciens comme Agrippa ou Paracelse.

L'influence de la religion est réelle puisque les phénomènes célestes sont considérés comme des avertissements divins ou comme des expressions maléfiques dont sont responsables sorciers et sorcières.

Au Japon, dans la nuit du 24 septembre 1235, le général Yoritsume et son armée observent près de Kyoto des sphères de lumière non identifiées, aux mouvements erratiques.

Ses conseillers lui disent « de ne pas s'inquiéter car c'était simplement le vent qui faisait osciller les étoiles ».

Gravure sur bois par Hans Glaser (1566), Nuremberg.

Le 14 avril 1561, l'Allemagne est parcourue par une multitude d'objets apparemment engagés dans une bataille aérienne.

On rapporte que de petits globes et disques sortaient de grands cylindres.

Ces observations sont alors interprétées comme des prodiges surnaturels, des anges et autres présages religieux.

Ces témoignages sont parfois interprétés comme étant l'équivalent ancien de rapports d'ovnis modernes.

Il est en effet possible que des apparitions d'ovnis aient été transposées dans des œuvres d'art mais, pour les cas les plus souvent cités, une explication simple est fournie par les historiens de l'art.

Ainsi: Les cosmonautes de la fresque du monastère de Detjani au Kosovo (1350) sont des représentations symboliques du Soleil et de la Lune comme on en trouve dans l'art byzantin religieux de cette époque; l'ovni du tableau de Mainardi (Madonna col Bambinoe San Giovannino), qui traverse les cieux en pleine nativité, est en réalité la représentation symbolique de l'archange Gabriel; l'objet en forme de soucoupe volante sur le tableau de Paolo Uccello, la Tébaïde, est un chapeau du cardinal; la fameuse pièce de 1680 censée commémorer un passage d'ovni au-dessus du ciel de France, est en fait un jeton de jeu sur lequel est dessinée une roue de la fortune.

Premiers rapports modernes avant que les termes « soucoupe volante » et « ovni » ne soient inventés, il y a eu un certain nombre de rapports de phénomènes aériens étranges non identifiés.

Ces rapports vont de la moitié du XIXe siècle à la fin des années 1940.

En juillet 1868, selon des investigateurs chiliens du phénomène (la CIO, Corporacion para la investigacion ovni), la toute première observation qui soit bien attestée aurait été faite dans la ville de Copiapo au Chili.

Le 25 janvier 1878, le journal quotidien de Denison (États-Unis) signale qu'un fermier local, John Martin, rapporte avoir vu un grand objet sombre circulaire ressemblant à un vol de ballon se déplaçant « à une vitesse merveilleuse ».

Le 17 novembre 1882, l'astronome E.W. Maunder, de l'observatoire royal de Greenwich, décrit dans un rapport « un visiteur céleste étrange » « en forme de disque » ou « fusiforme ».

Quelques années plus tard, Maunder précise que cet objet ressemblait énormément au nouveau dirigeable Zeppelin.

L'objet étrange est également vu par plusieurs autres astronomes européens.
Le 28 février 1904, trois membres de l'équipage d'un cargo d'approvisionnement de la marine américaine font une observation dont fait état leur lieutenant (Frank Schofield, qui deviendra plus tard le commandant en chef de la flotte du Pacifique), à environ 500 kilomètres à l'ouest de San Francisco.
Schofield parle de trois objets circulaires et ovoïdes d'un rouge vif, volant dans une formation en échelon, qui s'approchent sous la couche de nuages, puis changent de direction et montent très haut au-dessus des nuages pour s'éloigner définitivement de la terre, 2 ou 3 minutes plus tard.
Le plus grand avait la taille apparente « d'environ six soleils ».
Sur les théâtres de guerre aériens européens et japonais, pendant la Seconde Guerre mondiale, les pilotes alliés comme ceux de l'Axe font état de foo fighters (boules de lumière qui suivent les avions).
Le 25 février 1942, un aéronef non identifié est détecté au-dessus de Los Angeles en Californie.
L'objet reste impavide dans le ciel malgré 20 minutes de feu soutenu de la part des batteries antiaériennes (DCA).
L'incident devait par la suite prendre l'appellation de « bataille de Los Angeles ».
En 1946, on dénombre plus de 2000 rapports d'aéronefs non identifiés dans les pays scandinaves, mais aussi en France, au Portugal, en Italie et en Grèce: D'abord désignés sous le nom de « grêle russe », ils sont plus tard appelés « fusées fantômes » (en anglais ghost rockets) car l'on croit voir dans ces objets mystérieux des essais russes de fusées V1 ou V2 prises aux Allemands.

Cette interprétation devait être par la suite réfutée mais le phénomène demeure inexpliqué.

Plus de 200 apparitions, observées sur les radars, ont été considérées comme correspondant à « vrais objets physiques » par les militaires suédois.

Une fraction importante du restant a été attribuée à une identification erronée de phénomènes naturels comme les météores.

Apparition des soucoupes volantes après la Seconde Guerre mondiale, le phénomène ovni touche le grand public à la suite du témoignage médiatisé d'un homme d'affaires américain, Kenneth Arnold, le 24 juin 1947.

Ce dernier fait le récit du phénomène qu'il a observé alors qu'il volait dans son avion privé près du mont Rainier, dans l'État de Washington.

Il rapporte avoir vu 9 objets soucoupiques très brillants et très rapides qu'il ne put identifier, volant du Mont Rainier vers le Mont Adams.

Il estime leur longueur entre 12 et 15 mètres et leur vitesse à au moins 1800 km/h.

Ils volaient, déclare Arnold, « comme des oies, formant une chaîne en diagonale comme s'ils étaient attachés l'un à l'autre, en un mouvement sautillant, analogue à celui d'une soucoupe ricochant sur l'eau ».

Arnold devait préciser plus tard que les ovnis qu'il avait vus ressemblaient à des soucoupes volantes (« flying saucers ») et à de grands disques plats (« flat disks »).

Ce témoignage, s'il lui vaut d'être la risée des médias et du public, fait toutefois connaître le terme de "soucoupe volante".

Cette affaire est rapidement suivie de milliers de témoignages, surtout aux États-Unis, mais aussi dans d'autres pays.

Un témoignage important est celui de l'équipage d'un vol de United Airlines qui rapporte que neuf objets en forme de disque ont escorté leur avion au-dessus de l'Idaho dans la soirée du 4 juillet.
Ce témoignage reçoit une médiatisation plus importante et est considéré comme plus crédible que celui d'Arnold.
Les jours suivants, la plupart des journaux racontent en première page des histoires de soucoupes volantes.
Le 3 juillet 1947, se déroule ce qui devait devenir mondialement connu comme l'incident de Roswell.
Ce jour-là, Mac Brazel, propriétaire d'un ranch près de Roswell, découvre des débris sur ses terres et prévient la base militaire la plus proche.
Un jeune militaire du Roswell Army Air Field (RAAF) fait alors un premier communiqué de presse, où il annonce que l'armée a découvert une « soucoupe volante » écrasée près d'un ranch à Roswell, suscitant un fort intérêt chez les médias.
L'observation de Kenneth Arnold avait eu lieu neuf jours plus tôt et avait eu un écho important dans la presse si bien que les soucoupes volantes étaient présentes dans tous les esprits, y compris chez les militaires. Le lendemain, le commandement général de la base publie un rectificatif annonçant que la soucoupe volante était seulement un ballon-sonde.
Une conférence de presse est organisée dans la foulée, dévoilant aux journalistes des débris provenant de l'objet retrouvé et confirmant la thèse du ballon-sonde.
L'affaire tombe alors dans l'oubli pendant une trentaine d'années, marquant la fin de la première grande vague d'ovnis aux États-Unis.

En 1978, le major Jesse Marcel, qui a pris part à la récupération des débris à Roswell en 1947, déclare à la télévision que ceux-ci étaient sûrement d'origine extraterrestre et que les débris que le général Ramey (responsable de la base) a montrés aux journalistes ne sont pas ceux que Marcel lui a apportés de Roswell qui étaient selon lui en métal non identifié et comportaient pour certains des caractères d'une écriture inconnue.

Il fait part de sa conviction selon laquelle les militaires avaient en réalité caché la découverte d'un véhicule spatial à l'ufologue Stanton T. Friedman.

Son histoire circule chez les amateurs d'ovnis et dans les revues d'ufologie.

En février 1980, le National Enquirer conduit sa propre interview du major Marcel, ce qui déclenche la re-médiatisation de l'incident de Roswell.

D'autres témoins et rapports sortent de l'ombre au fil du temps, ajoutant de nouveaux détails à l'histoire.

Par exemple, une grande opération militaire se serait déroulée à l'époque, visant à retrouver des morceaux d'épave, ou encore des extraterrestres, sur pas moins de 11 sites, ou encore des témoignages d'intimidation sur des témoins.

En 1989, un entrepreneur de pompes funèbres à la retraite, Glenn Dennis, affirme que des autopsies d'extraterrestres ont été effectuées dans la base de Roswell.

En 1991, le général Du Bose, chef d'état-major du général Ramey en 1947, confirme que ce dernier avait substitué aux débris transmis par la base de Roswell ceux d'un ballon météo, montrés aux journalistes.

En réponse à ces nouveaux éléments, et après une enquête du Congrès des États-Unis, le GAO (Government Accountability Office, organisation de surveillance appartenant au Congrès) demande à l'United States Air Force de conduire une enquête interne.
Le résultat de cette enquête est résumé en deux rapports. Le premier, publié en 1995, conclut que les débris retrouvés en 1947 provenaient bien d'un programme gouvernemental secret, appelé Projet Mogul. Le second, paru en 1997, conclut que les témoignages concernant la récupération de cadavres extraterrestres provenaient vraisemblablement de rapports détournés d'accidents militaires impliquant des blessés et des morts, ou encore de la récupération de mannequins anthropomorphiques lors de programmes militaires tels que l'opération High Dive, menés autour des années 1950.
Ce rapport indique néanmoins que le débat sur ce qui est réellement tombé à Roswell continue, tout en précisant que tous les documents administratifs de la base pour la période mars 1945-décembre 1949 ont été détruits ainsi que tous les messages radio envoyés par la base d'octobre 1946 à février 1949.
Le bordereau de destruction ne mentionne pas quand, par qui, et sur l'ordre de qui cette destruction a été effectuée.
Ces rapports ont été rejetés par les partisans de la théorie extraterrestre, criant à la désinformation, bien qu'un nombre significatif d'ufologues s'accordent alors sur une diminution de la probabilité qu'un véhicule spatial extraterrestre soit véritablement impliqué.
Les ovnis dans la culture populaire le thème des ovnis et des extraterrestres constitue un phénomène culturel international depuis les années 1950.

Si l'on en croit le folkloriste Thomas E. Bullard, « Les ovnis ont envahi la conscience moderne d'une force irrésistible, et le flot incessant de livres, articles de magazine, couvertures de journaux populaires, films, émissions de télé, dessins animés, annonces, cartes de salutation, jouets, confirme la popularité de ce phénomène ».
Selon un sondage (Gallup poll) de 1977, 95 % des sondés disent avoir entendu parler des ovnis, tandis que seulement 92 % disent avoir entendu parler du président des États-Unis Gerald Ford à peine neuf mois après son départ de la Maison Blanche (Bullard, 141).
Un sondage de 1996 (Gallup poll) signale que 71 % de la population des États-Unis croit que le gouvernement dissimule des informations concernant les ovnis; un sondage de 2002 donne des résultats semblables (Roper poll pour la chaîne de télévision Sci Fi), mais en indiquant que davantage de personnes pensent que les ovnis sont d'origine extraterrestre.
Depuis la fin des années 1990, on observe une sorte de démystification du phénomène ovni.
En effet, depuis la découverte par la science de nombreuses exoplanètes, la théorie selon laquelle nous ne serions pas seuls dans l'univers s'impose petit à petit au sein de la communauté scientifique et du public, rendant moins farfelue l'hypothèse de possibles visites de la Terre par des extraterrestres.
La publication de livres en faveur de l'HET par des scientifiques ou des ufologues, la tenue de débats télévisés sur le sujet ainsi que la mise à la disposition du public des archives d'organismes officiels comme le GEIPAN, participent à l'acceptation de ce phénomène comme pouvant être la manifestation de visites extraterrestres.

Dans un sondage récent, 48% des sondés pensent que des extraterrestres ont visité la Terre.
Arts et folklore les ovnis ou plus généralement les extraterrestres font leur apparition en littérature avec la Guerre des mondes, roman écrit par H. G. Wells en 1898. Cet ouvrage, l'un des premiers romans de science-fiction, devait par la suite donner naissance à deux adaptations cinématographiques, la première en 1953 par Byron Haskin et la deuxième en 2005 par Steven Spielberg (lequel a aussi réalisé Rencontre du troisième type et E.T. l'extra-terrestre, d'autres films sur le thème des extraterrestres Alien un film des Réalisateurs: Ridley Scott, James Cameron, David Fincher, Jean-Pierre Jeunet américano-britanniques de science-fiction , elle est constituée de 5 cinq films, un 6ᵉ est en tournage et un autre est envisagé et Le Gendarme et les Extra-terrestres est un film français réalisé par Jean Girault, sorti en 1979 il réalisa ausi La Soupe aux choux est un film français réalisé par Jean Girault, sorti en 1981 et une comédie mêlée de science-fiction, adaptation du roman du même nom de René Fallet paru en 1980).
La Guerre des mondes est aussi à l'origine d'un des plus célèbres canulars radiophoniques du XXe siècle, qui vit Orson Welles, le 30 octobre 1938, faire croire à la population américaine qu'elle était attaquée par des extraterrestres venus de la planète Mars donc un film et sorti Mars Attacks! ou Mars attaque ! au Québec est un film américain réalisé par Tim Burton, sorti le 12 décembre 1996 aux États-Unis.
Le début du XXe siècle voit la naissance du mythe des « petits hommes verts » ou « Martiens ».
Bien souvent, cette expression est utilisée pour se moquer de l'éventuelle existence d'extraterrestres.

La couleur verte a peut-être pour origine le roman d'Edgar Rice Burroughs, A Princess of Mars (1912), où sont décrites différentes espèces de Martiens, dont une à la peau verte. Cette couleur sera reprise par plusieurs autres auteurs, figurant même dans le titre de leur ouvrage, comme The Green Man (1946) d'Harold Sherman ou encore The Third Little Green Man (1947) de Damon Knight.
Un autre événement clé dans le folklore ovni des années 1970 est la publication du livre d'Erich von Däniken Chariots of the Gods.
Cet auteur, qui affirme dans son livre que les extraterrestres visitent la Terre depuis des milliers d'années, tente d'étayer cette hypothèse par divers exemples archéologiques et mystères non résolus (voir Théorie des anciens astronautes).
De telles idées n'étaient pas vraiment nouvelles.
Par exemple, au début de sa carrière, l'astronome Carl Sagan, dans Intelligent Life in the Universe (1966), avait affirmé que les extraterrestres pouvaient fort bien visiter la Terre sporadiquement depuis des millions d'années.
Ces théories ont inspiré de nombreux imitateurs, suites et adaptations romanesques, dont un livre (The Bible and Flying Saucers de Barry Downing) qui interprète les phénomènes aériens miraculeux décrits dans la Bible comme la trace écrite de contacts avec des extraterrestres.
Nombre de ces interprétations tendent à expliquer l'évolution humaine par l'action des extraterrestres, idée présente par ailleurs dans le roman et le film 2001 l'odyssée de l'espace et à la base du cycle de l'Élévation de David Brin.

Le phénomène ovni prend une nouvelle tournure dans les années 1980, principalement aux États-Unis, avec la publication des livres de Whitley Strieber (Communion) et de Jacques Vallée (Passeport pour Magonia).

Strieber, écrivain de romans d'horreur, pensait que les extraterrestres le harcelaient et étaient responsables de « plages de temps disparues » (missing times) pendant lesquelles il était soumis à d'étranges expérimentations.

Cette nouvelle vision, plus sombre, est reprise par d'autres avec les enlèvements extraterrestres et sert de toile de fond à X Files et bien d'autres séries télévisées.

Cependant, même dans cette littérature, les extraterrestres ont des motivations qui peuvent être bienveillantes.

Par exemple, le chercheur David Jacobs croit que nous subissons une forme d'invasion discrète par assimilation génétique.

Le thème de la manipulation génétique (sans qu'il y ait nécessairement invasion) est également très présent dans les écrits de Budd Hopkins.

Le psychiatre John Mack (1929-2004) pensait que l'éthique des « envahisseurs » était de jouer le rôle de guides sévères mais bons essayant d'inculquer la sagesse à l'humanité.

Les dix dernières années ont été très prolifiques en films inspirés par la culture ovni et les extraterrestres, dont Independence Day de Roland Emmerich en 1996 (reprenant aussi le thème de la Zone 51), contact de Robert Zemeckis en 1997 et Signes de M. Night Shyamalan en 2002 (reprenant quant à lui le thème des agroglyphes).

Cercles de contactés et culture New Age à partir des années 1950, commencent à apparaître des sectes mystiques liées au phénomène ovni, parfois appelées « cercles de contactés ».

Le plus souvent les membres de ces sectes se rassemblent autour d'un individu, un gourou, qui affirme être en contact direct ou télépathique avec des êtres célestes ou extraterrestres.
Le plus notable d'entre eux est Georges Adamski, qui affirme avoir été contacté par un grand et blond Vénusien (du nom d'« Orthon »), voulant avertir l'humanité des dangers de la prolifération nucléaire.
Adamski a été très largement discrédité, mais une Fondation Adamski a pris le relais, publiant et vendant les écrits d'Adamski.
Au moins deux de ces sectes ont attiré un nombre important d'adhérents, The Aetherius Society, fondée par le mystique britannique George King en 1956, et la Fondation Unarius, établie par « Ernest L. » et Ruth Norman en 1954.
Le thème récurrent de ces messagers extraterrestres est l'avertissement face au danger de la prolifération nucléaire.
On trouve des groupes de contactés plus récents comme Heaven's Gate (« La porte céleste »), le mouvement raëlien, ou encore The Ashtar Galactic Command (« L'état-major galactique Ashtar »).
De nos jours, de nombreuses sectes de contactés, anciennes comme nouvelles, montrent une volonté d'assimiler des idées proches du christianisme et d'autres religions orientales, mélangeant ces dernières avec des idées issues du thème de la bienveillance des extraterrestres à l'égard des Terriens.
Dans les années 1970, on note un renouvellement et un élargissement des idées associant les ovnis aux sujets surnaturels et occultes, avec la publication de beaucoup de livres New Age où les ovnis et les extraterrestres sont très présents.

Certains adeptes des sectes de contactés des années 1950 avaient incorporé diverses idées religieuses et occultes à leurs croyances quant aux ovnis, mais dans les années 1970 ce phénomène se reproduisit sur une échelle considérablement plus grande.

Beaucoup de participants du mouvement New Age y crurent et tentèrent d'établir un contact avec les extraterrestres.

Un célèbre porte-parole de cette tendance était l'actrice Shirley MacLaine, connue pour son livre et sa mini-série Out on a limb.

Les Hommes en noir (Men in black) « Hommes en noir » (calque de l'anglais « Men in black ») est un terme collectif désignant des personnes imaginaires issues du folklore ovnilogique américain.

Leur but serait d'empêcher l'humanité d'accéder à des connaissances de provenance extraterrestre, jugées trop dangereuses pour sa survie.

Ils se présenteraient le plus souvent comme des agents travaillant pour le gouvernement fédéral américain.

Ces personnes, parfois de sexe féminin, arriveraient seules ou en groupe (le plus souvent en trio) au domicile du témoin d'un événement étrange après un délai qui peut varier d'un jour à plusieurs mois.

Le témoin voit en eux tantôt des agents du gouvernement chargés d'étouffer l'affaire, tantôt des créatures non humaines (extraterrestres ou humanoïdes) aux objectifs mystérieux.

Ils sont souvent vêtus d'un costume sombre ou gris (tailleur pour les femmes), en général dans le style des années d'après-guerre (et ce quelle que soit la date de leur apparition), comme d'ailleurs leur voiture, lorsqu'ils en ont une.

C'est Gray Barker, dans un classique de l'ufologie, They knew too much about flying saucers, qui lança la thématique des « hommes en noir ».

Il y a une dizaine d'années, John C. Sherwood affirma que Gray Barker publiait sous forme d'articles, dans son fanzine ufologique, des textes qui lui étaient soumis en tant que nouvelles de science-fiction.

Les hommes en complet noir seraient donc une légende créée de toutes pièces, avant qu'elle ne passe dans le folklore américain du XXe siècle.

Des scénaristes ont souvent profité de la vague description qui est faite des « hommes en noir » pour incorporer ceux-ci dans différents épisodes de séries télévisées.

Un comic et deux films, Men in Black et Men in Black 2, ainsi qu'un jeu de rôle du même titre, sont inspirés de ce folklore.

Faits et témoignages la majorité des observations d'ovnis repose sur le témoignage plus ou moins précis d'une ou de plusieurs personnes ne pouvant apporter une preuve tangible de la réalité de leur observation.

En dehors des cas reposant uniquement sur des témoignages, il existe des cas, beaucoup plus rares, corroborés par des éléments physiques directs ou indirects.

L'explication de ces cas est sujette à d'intenses controverses, le lien entre l'élément physique et le témoignage étant l'aspect le plus généralement contesté.

Une partie de ces cas a été analysée par différentes agences gouvernementales scientifiques et militaires.

La donnée physique directe concerne les cas détectés par radar ou photographiés, la donnée physique indirecte peut être par exemple une trace au sol ou la trace d'une influence électromagnétique ou d'une perturbation environnementale.

Témoignages cette catégorie représente la majorité des cas d'ovnis, à savoir l'observation de lumières ou d'objets dans le ciel ou au sol ou tout autre témoignage d'ovni observé par une ou plusieurs personnes.

Ces témoignages ne sont pas facilement exploitables par les enquêteurs en raison de l'absence de preuves directes (comme une photographie et vidéo) ou indirectes (traces au sol par exemple) de la présence d'un ovni.

Les observations d'ovnis impliquant une foule de témoins sont nombreuses.

On peut citer, entre autres observations, la Vague belge, la Vague de Mexico et la bataille de Los Angeles.

En France, certains cas ont été répertoriés par le GEIPAN, ainsi le cas des « Aldudes » où un ovni lumineux avec clignotant blanc, rouge et vert, fut observé le 2 février 1985 par une foule de témoins en Aquitaine, puis les jours suivants en Espagne et dans les Ardennes (on peut aussi noter l'existence d'autres cas comme celui dit « des Hautes-Pyrénées » ou celui dit du « Vaucluse »).

Photographies et vidéogrammes les éléments principaux disponibles pour l'étude du phénomène ovni sont les photographies et les vidéos.

Une analyse du corpus des photographies existantes permet de classer les photographies dites d'ovnis en trois catégories: Les photographies d'ovnis minimales: La forme censée correspondre à un ovni est blanche, souvent uniforme, pauvre en détails, se détachant d'un arrière-plan noir ou très sombre; ces photographies montrent parfois une partie de l'environnement.

La valeur informationnelle de cette classe d'images est très faible.

On citera par exemple la photo prise durant la « bataille de Los Angeles » dans la nuit du 25 février 1942, publiée dans le journal Los Angeles Times.

Les photographies d'ovnis soucoupiques : les photographies de cette catégorie montrent des formes qui évoquent, conformément aux lois de la perspective, celles d'un volume de section circulaire surmonté d'un renflement plus ou moins proéminent.

Le simple fait de vouloir les décrire amène une terminologie spécifique qui constitue déjà un début d'identification.

La valeur informationnelle de cette classe d'images se réfère d'emblée au champ de la culture (la soucoupe volante en tant qu'engin extraterrestre), indépendamment de la nature de la chose photographiée.

Les photographies d'ovnis exotiques: Celles-ci sont minoritaires car elles ne représentent que 4% des images publiées et se distinguent des deux autres catégories par leur côté atypique.

Elles ne s'apparentent ni à la photographie d'ovnis minimales, ni au stéréotype de la soucoupe surmontée d'un dôme.

Avec ces photographies, il s'agit d'une non identification non pas par défaut de données ou de visibilité mais par discrimination.

En conséquence, elles posent le problème de la non-identification de manière nettement plus aiguë que les autres.

On peut alors en déduire qu'elles ont un intérêt plus important d'un point de vue heuristique (haute qualité informationnelle).

Ce type d'image, quand il n'est pas ignoré ou rejeté, y compris par les revues spécialisées, reste très minoritaire dans les publications.

Voici quelques exemples célèbres de photographies et films d'ovnis: En janvier 1958, un photographe du navire-école Almirante Saldanha de la marine brésilienne prend six clichés d'un disque métallique survolant l'île de Trinidad. Ces clichés seront authentifiés par plusieurs laboratoires.
En juin 1976, une photographie d'un ovni très lumineux est prise lors de l'observation des Îles Canaries.
Aucun trucage ni aucune confusion avec un phénomène connu n'ont pu être décelés.
La célèbre photo d'un ovni triangulaire de la vague Belge de 1990, connue sous le nom de "Photo de Petit-Rechain", sera analysée par un étudiant de l'École royale militaire de Bruxelles faisant, sous la direction du professeur Marc Acheroy, un mémoire sur l'utilisation des techniques d'analyse photographique.
La Société belge d'étude des phénomènes spatiaux affirme que ce mémoire conclut à l'absence de trucage et à la matérialité de l'objet pris en photo.
Une autre étude approfondie de cette photo par le professeur Auguste Meessen affirme l'absence de trucage.
Néanmoins, Pierre Magain et Marc Rémy de l'université de Liège (département d'astrophysique) ont montré qu'il était très aisé d'obtenir les mêmes résultats en utilisant une maquette triangulaire en bristol avec encoches, collée contre une vitre transparente avec la lumière provenant de l'arrière-plan. De plus, une étude de Wim Van Utrecht a permis de reproduire par des moyens "artificiels" une photo similaire.
À ce jour, la nature et l'origine de ce qui a été photographié sont donc toujours indéterminées.

En mars 1997, une formation lumineuse survole la ville de Phoenix (Arizona), plus de deux cents témoins se manifesteront auprès des autorités locales et l'objet sera filmé par neuf vidéastes amateurs (éliminant tout risque de méprise ou d'erreur de parallaxe).
Cet événement est communément appelé lumières de Phoenix.
L'observation de Campeche, au Mexique, a lieu en 2004 lorsque le lieutenant Germán Marín Ramírez, opérateur radar d'un avion de l'Armée de l'air mexicaine, repère 11 échos radars qu'il n'arrive pas à identifier.
En s'approchant de la source, la caméra infrarouge de l'avion filme onze lumières dans l'espace aérien mexicain. Les enregistrements infrarouges ont été conservés.
À l'heure actuelle, l'explication communément acceptée est celle d'une méprise avec des torchères de puits de pétrole.
Traces physiques sur l'environnement.
L'étude de ces données se fonde sur les traces physiques de débarquement, les impressions au sol (sol brûlé et/ou desséché, végétation brûlée et abimée, anomalies magnétiques, niveaux accrus de rayonnement et traces métalliques).
D'un point de vue méthodologique, il est impossible d'établir avec certitude un lien entre les traces physiques alléguées et l'observation de l'ovni.
La cause d'une altération environnementale peut être tout autre que causée par le passage d'un ovni, éventualité qui ne peut jamais être écartée puisqu'il n'est pas possible de faire les prélèvements juste avant puis juste après l'observation de l'ovni, pour comparaison.

L'incident de Rendelsham et le cas de Trans-en-Provence sont deux des plus célèbres incidents où une observation aurait été corroborée par des traces physiques sur l'environnement.
En 1982, des plantes situées à proximité du site d'une observation près de Nancy présentent une modification pigmentaire et une déshydratation importante.
Ces données seront confirmées par plusieurs laboratoires indépendants.
Le 4 septembre 1989 vers 4H30, aux Tuiles dans le Tarn, un homme de 72 ans souffrant d'insomnie aperçoit à travers sa fenêtre ouverte une forte lueur.
Il se lève et voit en contrebas dans un champ de luzerne un carré lumineux de 10 mètres de côté environ.
Cette lueur vient d'un objet stationnaire au-dessus du toit et en forme de toupie à multiples facettes.
Au bout de 30 secondes environ, le phénomène disparaît brutalement sans aucun bruit ni odeur.
Le témoin constate le lendemain que les tuiles (de type canal) sont brunâtres à l'endroit où le phénomène était stationné et qu'elles se sont déplacées, créant une gouttière.
L'entrepreneur qui effectue la réparation du toit confirmera que les tuiles étaient vrillées dans le sens des aiguilles d'une montre sur 3 à 5 mètres de longueur et que le faîtage était affaissé à l'endroit de l'observation de l'engin.
L'homme en question, qui a conservé l'anonymat (conformément à la procédure GEIPAN/SEPRA), n'a pas pu être couvert par son assurance et n'a pu obtenir d'indemnité que plusieurs années plus tard par le biais du FIV (fonds d'indemnisation aux victimes).

Malgré tous les éléments matériels laissés par l'ovni et malgré toutes les investigations de la gendarmerie, l'enquête du SEPRA n'a pas permis de trouver une explication à cette observation.

Les deux possibilités envisagées sont « l'affabulation intentionnelle ou le phénomène inexpliqué ».

Effets physiques sur témoins certains témoins ont déclaré avoir ressenti des effets physiques durant ou après le passage d'un ovni, comme des maux de tête, des acouphènes, des nausées, des brûlures épidermiques ou cornéennes (lors de l'incident de Falcon Lake), voire des paralysies temporaires.

On a aussi recensé des cas d'empoisonnement radioactif, comme dans l'affaire Cash-Landrum.

Cependant, dans la majorité des cas, aucune preuve médicale n'a pu être apportée, ou dans le cas des brûlures, la banalité de la blessure n'exclut pas la possibilité d'un canular.

En France, on peut noter l'existence de deux cas où des témoins ont manifesté un effet physique après avoir « rencontré » un ovni.

Les dossiers du GEIPAN relatent des faits qui se sont déroulés le 1er décembre 1979 vers 19H35 dans la commune d'Annot (Alpes-de-Haute-Provence): Un boucher, parti faire une livraison, rapporte avoir été poursuivi pendant 2 km à 80 km/h par une boule jaune qui émettait un bruit strident.

Le témoin a subi un choc nerveux ainsi qu'une occlusion intestinale.

L'enquête n'a pas permis d'identifier le phénomène observé.

L'autre cas s'est produit le 10 mars 1980 dans la commune d'Authon-du-Perche (Eure-et-Loir): Une grande forme rectangulaire avec des rampes lumineuses a été observée, après un appel de témoin, par plusieurs gendarmes dont certains ont ressenti par la suite des malaises ou des insomnies.

Détections radar et poursuites celles-ci sont souvent considérées parmi les meilleurs cas puisqu'elles font participer le personnel et les opérateurs qualifiés civils ou militaires des tours de contrôle parallèlement à un contact visuel.

En voici quelques exemples: En janvier 1948, lors de l'incident de Mantell dans le Kentucky, l'observation d'un ovni par de nombreux témoins civils et militaires est suivie d'une « course-poursuite » entre l'ovni et 3 chasseurs, entraînant l'accident mortel du chef d'escadrille Thomas F. Mantell.

En juillet 1952, la célèbre observation de Washington est corroborée par plusieurs radars civils et militaires.

En août 1956, lors de l'incident de Lakenheath, les radars des bases militaires de Bentwaters et Lakenheath (Royaume-Uni) détectent une formation de 15 objets se déplaçant à plus de 6400 km/h dans un silence total sans aucun boum supersonique.

Le rapport Condon étudiera ce cas mais ne pourra présenter aucune explication rationnelle du phénomène.

En septembre 1976, les radars iraniens détectent des ovnis durant le célèbre incident de Téhéran.

En mars 1990, l'armée de l'air Belge fait décoller deux F-16 afin d'intercepter un ovni signalé par plusieurs témoins au sol et apparu sur les radars.

La « chasse » dure environ une heure.
Selon le général de Brouwer, de l'armée de l'air Belge, « des taux d'accélération très importants ont été mesurés, non imputables à des engins conventionnels ».
L'analyse de l'enregistrement radar des F-16 indique que l'engin non identifié effectua des manœuvres « théoriquement mortelles pour un pilote humain » (passant en quelques secondes de 700 à 10 000 pieds puis redescendant à 500 pieds en 5 secondes, tout en accélérant à plus de 1500 km/h).
Le 15 octobre 2004, en France, une patrouille de Mirages 2000 est « suivie » par un trafic inconnu.
Le chef de patrouille enregistre également le visuel du point qui disparaît au bout de 15 à 20 secondes.
Malgré la forme ovoïde de l'astronef, le chef de patrouille conclut au passage d'un aéronef de type chasseur inconnu.
Après enquête du GEIPAN, l'événement reste inexpliqué.
Interférences électromagnétiques les interférences électromagnétiques concernent les voitures ayant calé, les pannes de courant ou black-out, les interférences radio/télé, les problèmes de communication et de navigation aérienne.
Une liste de plus de trente incidents d'avion a été compilée par le Dr Richard F. Haines, scientifique à la NASA.
L'incident de Téhéran, qui eut lieu en Iran dans la nuit du 18 au 19 septembre 1976, est le cas le plus célèbre du genre.
Une affaire de ce genre s'est aussi déroulée en France, le 3 septembre 1985 vers 22H00, à Lyon.
Ce soir-là, de nombreux témoins aperçoivent une boule de la grosseur d'une balle de football tomber silencieusement et verticalement dans les eaux du port Édouard-Herriot.
La boule lumineuse est entourée d'un halo fluorescent vert.

À cet instant précis, tous les éclairages de la voiture de surveillance de la patrouille de police se mettent à clignoter devant tous les témoins.
Ensuite, durant une minute, une lueur jaune-blanchâtre d'un diamètre d'environ 30 mètres est vue dans le fond de l'eau par les personnes présentes sur les lieux.
Cette chute est également aperçue par d'autres témoins situés en dehors de la ville de Lyon.
Une radioactivité peu importante a été détectée lors des premiers sondages de surface.
L'enquête de gendarmerie n'a pas permis d'identifier le phénomène.
Contre-exemple d'un cas d'ovni élucidé la plupart des observations d'ovnis trouvent après enquête une explication simple.
La plupart du temps, les ovnis sont des phénomènes prosaïques mal interprétés.
Voici un exemple cité dans le rapport COMETA d'un cas d'ovni étudié par le SEPRA.
Le 29 septembre 1988, un garagiste circulant sur l'autoroute Paris-Lille vit une énorme boule rouge traverser la chaussée à quelques dizaines de mètres de lui et rouler en contrebas.
Lançant des reflets lumineux et enveloppée d'une fumée dense, la boule finit par s'arrêter dans un champ.
Troublé par cette observation, le garagiste alla en rendre compte aux gendarmes de l'autoroute.
La gendarmerie, sur ordre du préfet, neutralisa alors l'autoroute et une zone de plusieurs kilomètres autour de l'objet.
Le témoin principal et sa famille furent conduits par précaution à l'hôpital où ils subirent une série d'examens.

Des agents de la Sécurité civile et de la Sécurité militaire se rendirent sur le lieu de l'incident munis de compteurs Geiger.

En effet, on attendait à cette période la chute du satellite soviétique Cosmos 1900, équipé d'un générateur électronucléaire, et des consignes précises avaient été données.

Le CNES précisa assez rapidement qu'à la même heure Cosmos 1900 survolait l'océan Indien.

Avançant avec précaution, les spécialistes de la sécurité s'approchèrent d'une sphère de 1,50 m de diamètre environ.

Ils constatèrent qu'elle ne portait aucune trace des échauffements et des effets mécaniques considérables que produit une rentrée atmosphérique et qu'elle était recouverte de petits miroirs.

On ne décela près d'elle ni fumée, ni radioactivité.

On apprendra plus tard que cette sphère, destinée à servir d'accessoire à un concert de Jean-Michel Jarre, était tombée du camion qui l'emportait à Londres.

Les petits miroirs collés sur son enveloppe en polystyrène étaient destinés à réfléchir les effets lumineux du spectacle.

Les enquêtes officielles depuis une cinquantaine d'années, de nombreuses études scientifiques officielles ou officieuses sur le phénomène ovni ont été menées par divers organismes gouvernementaux et associations d'étude.

Certaines études officielles, comme le rapport Condon, concluent que des recherches approfondies « ne peuvent probablement pas se justifier par l'espoir qu'elles pourraient faire progresser la science ».

Quelques études comme celles du GEIPAN sont restées neutres dans leurs conclusions tout en suggérant la poursuite des études scientifiques sur le sujet pour élucider les cas les plus compliqués.

D'autres études privées ou gouvernementales (comme le rapport COMETA ou l'estimation de la situation du projet Sign), minoritaires, concluent en faveur de l'hypothèse extraterrestre de certains ovnis et critiquent la position officielle de la communauté scientifique.

Enquêtes états-uniennes le gouvernement américain décida d'enquêter sur le phénomène ovni dès la fin des années 1940 et créa différentes commissions d'enquête sur le sujet. Le 9 juillet 1947, le Service de renseignement de l'Armée de l'air américaine, en coopération avec le FBI, démarra secrètement une enquête visant à étudier les meilleurs témoignages d'ovnis, y compris ceux de Kenneth Arnold et de l'équipage du vol de United Airlines.

Le Service de renseignement déclara employer « tous ses scientifiques » pour déterminer si un « tel phénomène pouvait, en fait, se produire ».

En outre, la recherche fut conduite « en gardant présent à l'esprit que les objets volants étaient peut-être un phénomène céleste » ou « un corps étranger conçu et commandé par des moyens mécaniques ».

Trois semaines plus tard, ils conclurent que « ces histoires de soucoupes volantes ne sont pas toutes le fruit de l'imagination ou de l'exagération de certains phénomènes naturels.

Il y a vraiment des vols de quelque chose ».

Un supplément d'enquête mené par les divisions technique et de renseignement de l'Air Materiel Command arriva aux mêmes conclusions, à savoir que « le phénomène correspond à quelque chose de réel et non à des visions.

Ce sont des objets en forme de disque, d'apparence métallique, et gros comme des avions ».

Leurs caractéristiques sont une « une vitesse ascensionnelle et une maniabilité extrêmes », une absence de bruit en général, une absence de traînée, des vols à l'occasion en formation et un comportement « fuyant dès qu'ils sont repérés par un avion ou un radar sans intention hostile ».

La directive Air Force 200-2 de 1954 définit un ovni comme étant « tout objet aéroporté ayant un comportement, des caractéristiques aérodynamiques ou des particularités insolites ne correspondant à aucun type d'avion ou de missile connus, ou ne pouvant être absolument assimilées à un objet familier ».

Cette directive stipule que les ovnis de catégorie B doivent être étudiés en tant que « menace éventuelle pour la sécurité des États-Unis » et qu'il faut en déterminer « les aspects techniques afférents ».

En outre, le personnel de l'Armée de l'air est sommé de ne pas discuter avec la presse des cas non élucidés.

On recommande donc, fin septembre 1947, qu'une étude officielle du phénomène soit mise en place par l'Armée de l'air.

Il s'ensuit la création du projet Sign[fin 1947, lequel devient le projet Grudge fin 1948, puis le Projet Blue Book en 1952. Blue Book prend fin en 1970, mettant un terme aux investigations officielles des Forces aériennes dans ce domaine.

L'usage de l'appellation ovni à la place de « soucoupe volante » fut suggérée par le capitaine Edward J. Ruppelt, premier directeur du Projet Blue Book, estimant que le terme de « soucoupe volante » ne reflète pas la diversité des observations.

Ruppelt relate son expérience dans un mémoire: The Report on Unidentified Flying Objects (1956), premier livre à employer le terme UFO (prononcé you-foe par l'auteur mais qui est plus généralement épelé).
Le projet Sign fut la première étude scientifique officielle de l'Armée de l'air américaine sur les ovnis à la suite des premières apparitions de soucoupes volantes.
Ce projet, qui voit le jour fin 1947 sous l'impulsion du général Nathan F. Twining, a pour quartiers la base aérienne de Wright-Patterson, dans l'Ohio.
Il est placé sous le commandement du capitaine Robert R. Sneider.
Bien que le projet ait été classifié "d'accès restreint", son existence est connue du grand public, souvent sous l'appellation de « projet Soucoupe ».
Le projet engage aussi des conseillers scientifiques, comme l'astronome américain Josef Allen Hynek, chargé de distinguer les cas de confusions avec des étoiles ou des météorites.
La première entreprise de grande envergure du projet Sign fut l'étude du célèbre incident de Mantell.
Les enquêteurs de Sign arrivèrent à la conclusion que Mantell avait confondu la planète Vénus (en plein après-midi) et qu'il avait été victime d'une défaillance d'oxygène.
Ils n'expliquèrent cependant pas les observations concordantes de témoins au sol, ni pourquoi l'avion avait explosé en plein vol.
Au fil des enquêtes, les enquêteurs de Sign devinrent plus favorables à l'hypothèse extraterrestre et remirent une Estimation de la situation au Pentagone.

Dans ce rapport, les scientifiques de Sign expliquent en quoi l'hypothèse extraterrestre est selon eux la plus plausible pour expliquer la nature des ovnis les plus mystérieux. Elle fut cependant rejetée par le général Hoyt S. Vandenberg. Quelques mois plus tard, elle fut rendue publique et plus ou moins oubliée. Le Projet Sign fut remplacé par le Projet Grudge fin 1948.

Le projet Grudge fut la seconde étude officielle de l'US Air Force chargée d'étudier le phénomène ovni entre 1949 et 1952.

Dirigé par le général Charles Cabell, le projet fut très controversé en raison d'un certain nombre de démystifications douteuses.

Certains y virent une tentative de désinformation de l'US Air Force en réponse aux conclusions du projet Sign. Comme Sign, Grudge avait établi que la majorité des cas d'ovnis étaient dus à des méprises.

Mais alors que les enquêteurs du projet Sign avaient admis l'existence de cas mystérieux et non identifiés, les enquêteurs du projet Grudge affirmèrent que tous les cas non identifiés étaient probablement causés par des phénomènes connus.

Les enquêteurs du projet Grudge lancèrent une campagne de relations publiques pour expliquer cela aux Américains. En août 1949, le personnel de Grudge rendit son rapport, y affirmant que toutes les analyses indiquaient que les observations d'ovnis découlent: D'une méprise avec des objets classiques, d'une forme d'hystérie collective et de nervosité, d'individus qui inventent ces observations, de personnes atteintes de troubles psychiatriques.

Comme le soulignera en 1956 à propos du projet Grudge le futur chef du projet Blue Book (Edward J. Ruppelt dans son livre intitulé The Report on Unidentified Flying Objects): « Avec le changement de nom et de personnel, vint le changement d'objectif, clairement affiché, qui était de se débarrasser des ovnis.
Ce ne fut jamais écrit nulle part, mais il ne fallait guère d'efforts pour voir qu'il s'agissait là du véritable objectif du projet Grudge.
Ce but inavoué transparaissait dans chaque note de service, rapport ou directive ».
Le lieutenant Jerry Cummings, nommé responsable du projet Grudge au début de l'été 1951, déclara: « Tout le monde se moque des enquêteurs du Grudge.
Sur l'ordre du patron de l'ATIC, le général Harold Watson, les employés du projet Grudge déprécient systématiquement les rapports qui leur sont envoyés.
Leur seule activité consiste à proposer des explications nouvelles ou originales pour plaire à Washington ».
L'astronome américain Josef Allen Hynek, une fois devenu partisan de l'hypothèse extraterrestre, critiqua Grudge pour les mêmes raisons.
C'est pour cela que le projet Grudge est généralement perçu par les ufologues défendant l'hypothèse extraterrestre comme une opération de démystification visant à désintéresser la population des ovnis.
Le capitaine Edward J. Ruppelt prend, le 12 septembre 1951, la direction du projet Grudge qui deviendra le projet Blue Book l'année suivante.
Le projet Blue Book, dirigé par le capitaine Edward J. Ruppelt, fut la plus célèbre des études américaines sur le phénomène ovni.

Les trois objectifs officiels du projet Blue Book étaient de: Trouver une explication pour l'ensemble des témoignages d'observations d'ovnis, déterminer si les ovnis représentent une menace pour la sécurité des États-Unis, déterminer si les ovnis présentent une technologie avancée que les États-Unis pourraient exploiter.
À cela, vint s'ajouter le rôle de porte-parole gouvernemental sur le phénomène ovni qui obligea, à de nombreuses reprises, les enquêteurs du projet Blue Book à délaisser l'aspect scientifique pour répondre à des considérations plus politiques.
Le projet Blue Book examina 10 147 cas, dont 9 501 furent expliqués.
Mais sur les 3 201 cas retenus pour l'analyse statistique, il ressort que les cas avérés mais inexpliqués représentent 22 % de l'ensemble, et que ce taux atteint 38 % pour les rapports faits par des observateurs militaires qualifiés (pilotes, contrôleurs, services de sécurité).
Outre les 10 147 rapports d'observation, les archives du projet Blue Book comprennent 8 360 photos, 20 bobines de film (ce qui représente 6h30 de film) et 23 enregistrements audio d'interviews de témoins.
Cette commission se divisera en une section d'étude, une section d'investigation, un agent de liaison avec le Pentagone et des conseillers scientifiques civils.
Les observations d'ovnis très médiatisées se multipliant au cours de l'année 1952, les hautes sphères du gouvernement commencent à s'intéresser de très près à ce phénomène et décident d'accentuer les investigations dans ce domaine.
En septembre 1953, le capitaine Ruppelt démissionne de son poste.

Le capitaine Charles Hardin reprend la direction du projet en mars 1954 devant faire face à de nombreuses attaques sur l'opacité de l'armée à propos du phénomène ovni, le capitaine décide de rendre public le rapport spécial n° 14 du projet Blue Book.
Ce rapport, qui conclut à l'inexistence des ovnis, est mis en vente auprès du grand public en octobre 1955.
Le capitaine George T. Gregory est nommé à la tête du projet en avril 1956.
Il sera remplacé par le major Robert J. Friend en octobre 1958.
En avril 1963, le projet Blue Book passe sous les ordres du major Hector Quintanilla.
En mars 1966, une observation d'ovni très médiatisée et les prises de position sceptiques de l'US Air Force amènent plusieurs scientifiques civils du projet (dont Josef Allen Hynek) à prendre publiquement parti pour la réalité du phénomène ovni et, donc, contre la position officielle du projet Blue Book.
Ces divergences amèneront le gouvernement américain à commanditer, en 1969, un rapport d'experts auprès du docteur Edward Condon, de l'université du Colorado, afin d'établir ou non la réalité du phénomène ovni.
Ce rapport portant sur une centaine de cas fut rendu public en 1969 sous le nom de rapport Condon.
Environ 15 % des cas d'ovnis étudiés par le comité Condon en 1969 ont été considérés comme inexpliqués une fois passés en revue par l'Institut américain de l'aéronautique et de l'astronautique (AIAA).
Néanmoins, les rédacteurs du rapport Condon conclurent qu'il n'y avait pas de preuves suffisamment solides pour soutenir l'hypothèse extraterrestre et donc que les études sur le phénomène ovni devaient être abandonnées.

Le rapport commence par une phrase résumant leurs conclusions: « Notre conclusion générale est que l'étude des ovnis durant ces vingt et une dernières années n'a rien apporté à la connaissance scientifique.
L'examen soigneux du dossier tel qu'il nous est disponible nous amène à conclure que d'autres études approfondies des ovnis ne peuvent probablement pas se justifier par l'espoir qu'elles pourraient faire progresser la science ».
Ils ajoutèrent que le phénomène ovni n'était probablement dû qu'à des méprises complexes avec des phénomènes prosaïques, mais qu'une frange de 6 à 10 % de cas résistait à l'analyse critique et devait relever de cas d'hallucinations ou de canulars.
Le rapport Condon fut une étape importante dans le développement du modèle sociopsychologique du phénomène ovni, qui reste aujourd'hui la position majoritaire au sein de la communauté scientifique traditionnelle l'objectivité de ce rapport fut mise en doute par la suite en raison des conclusions apparemment contradictoires qui y figurent.
L'astronome Joseph Allen Hynek, sollicité pour faire partie du comité Condon, affirme avoir refusé d'y participer au vu d'un document introductif distribué par Condon à tous les membres de la commission et qui indiquait, avant le début de toute enquête, les conclusions négatives auxquelles ceux-ci devaient parvenir (plus tard, des documents de la CIA rendus publics révélèrent que le phénomène ovni risquait d'entraîner des « désordres » sociaux et qu'il était donc vivement recommandé que tout soit mis en œuvre pour désintéresser le public américain de ce sujet).

Le rapport suggérait entre autres que des scientifiques reçoivent une formation qui leur permette de ramener le contenu des observations à un ensemble de phénomènes naturels.

Le projet Blue Book sera donc officiellement dissout en décembre 1969 et cessera toute activité en janvier 1970. Conservées jusqu'en 1974 dans les archives de l'Armée de l'air américaine, les archives du projet Blue Book sont stockées depuis 1976 aux archives nationales américaines et consultables en ligne.

Bien que l'affirmation selon laquelle les astronomes n'ont jamais rapporté de témoignage sur les ovnis soit courante, l'US Air Force rapporte qu'environ 1 % des témoignages sur lesquels reposent le projet Blue Book proviennent d'astronomes professionnels ou amateurs.

Au cours des années 1950, le professeur Joseph Allen Hynek avait questionné une quarantaine de ses collègues, dont un peu plus de 10 % avaient effectivement observé des phénomènes inexpliqués.

Hynek cite notamment le professeur La Paz, directeur de l'Institut de météorisme de l'université du Nouveau-Mexique, et Clyde Tombaugh, découvreur de la planète Pluton, décédé en 1997.

Dans les années 1970, le professeur Peter A. Sturrock a repris le sujet de façon exhaustive, en adressant un questionnaire détaillé aux 2611 membres de l'Association astronomique américaine, en leur garantissant l'anonymat. La moitié a répondu et on trouve une soixantaine d'observations, soit environ 5 %. On peut donc dire qu'on trouve chez les astronomes un pourcentage d'observations de PAN comparable à celui de la population générale.

Politique de désinformation certains auteurs comme François Parmentier considèrent que les gouvernements désinforment le grand public en ce qui concerne le phénomène ovni, en particulier le gouvernement des États-Unis.

En pleine guerre froide, inquiet à l'idée que les récents ovnis pourraient être des prototypes secrets soviétiques (le gouvernement pensait avoir à faire à des armes volantes non identifiées, non pas à des véhicules spatiaux extraterrestres), l'état-major américain décide d'enquêter sur ce phénomène.

Dans l'espace aérien américain, différentes procédures de collecte et de transmission des observations sont intégrées dans des dispositifs généralistes et en particulier sur les observations d'objets non identifiés.

La principale procédure mise en place s'appelle le CIRVIS, mais dès octobre 1947, le général Schulgen, chef des renseignements de l'état-major de l'air au Pentagone, active la transmission des informations sur les ovnis à l'étranger et ordonne d'en garder le secret sous peine de violation des lois de l'espionnage.

Le système outrepasse l'armée: Une directive JANAP 146 oblige les militaires, mais aussi les commandants de bord de l'aviation civile et de la marine marchande, à rapporter leurs observations d'ovnis de toute urgence à certaines autorités, qui doivent elles-mêmes en rendre compte, notamment au Commandement opérationnel de l'air (maintenant NORAD) à Colorado Springs.

Cette extension suscite des protestations, surtout parmi les pilotes civils qui lancent une pétition en 1958.

En 1959, le Canada adopte le CIRVIS qui couvre ainsi tout le continent nord-américain.

Toute la presse étrangère est minutieusement analysée (même les journaux français, nationaux et locaux).
Mais les informations ne sont pas assez détaillées et doivent être approfondies.
Quand Paris Match publie un article sur une observation à proximité de l'aéroport d'Orly, dans la nuit du 18 au 19 février 1956, le nouveau directeur adjoint du renseignement scientifique de la CIA dénigre la presse française alors que l'intérêt que porte la France aux ovnis est suivi de près.
Lorsque le sujet fait pour la première fois les gros titres de la presse quotidienne nationale, en juin 1952, l'information remonte aussitôt aux États-Unis via un rapport de renseignement.
En 1949, un mémorandum du FBI adressé à son directeur, John Edgar Hoover, l'informe que « lors des récentes réunions hebdomadaires de renseignement entre le G-2 (renseignement de l'Armée de terre), l'ONI (renseignement de la Marine), l'OSI (bureau des enquêtes spéciales des Forces aériennes) et le FBI, dans les quartiers de la 4e armée, les officiers du G-2 de la 4e armée ont discuté du problème des "disques volants", "soucoupes volantes" et "boules de feu".
Ce sujet est considéré comme top secret (secret Défense) par les officiers de renseignement de l'Armée de terre et des Forces aériennes ».
Ainsi, la divulgation, en 1979, d'une lettre du général de l'Armée de l'air Carroll H. Bolender annonçant la fin imminente du projet Blue Book, ne mettra pas fin aux rapports militaires sur les ovnis pouvant affecter la sécurité nationale parce que ces rapports secret Défense ne font pas partie du système Blue Book.

Cette doctrine est élaborée dans l'après-guerre par le Conseil national de sécurité (Directives NSC 4/4A, 4 décembre 1947; NSC 10/2, 18 juin 1948; NSC 68, 14 avril 1950) et le bureau de stratégie psychologique (Psychological Strategy Board (PSB)), créé le 4 avril 1951 pour lutter contre « l'influence communiste » puis par rapport aux ovnis.

En 1952, Walter Smith, directeur de la CIA, fait savoir au bureau de stratégie psychologique qu'il transmet au Conseil national de sécurité une proposition de directive « concluant que les problèmes liés aux objets volants non identifiés paraissent avoir des implications en termes de guerre psychologique aussi bien pour le renseignement que pour les opérations et propose de discuter des possibles utilisations offensives ou défensives de ces phénomènes à des fins de guerre psychologique » (Mémorandum de Walter Smith au directeur du Bureau de stratégie psychologique, 28 septembre 1952) alors que les intrusions aériennes d'ovnis près des installations nucléaires et sur des sites de missiles atomiques étaient publiquement considérées comme sans aucun intérêt pendant la guerre froide (on peut consulter les documents du FBI pour la période d'après-guerre, notamment ceux portant sur « la protection des installations vitales » et ceux du Ministère de la Défense pour les années 1970).

Selon le lieutenant Bethune, un officier du renseignement de la Navy (ONI) se rendit inopinément chez lui quelques semaines après un incident.

Il l'interrogea sur son observation, lui présenta des photographies de différents types d'ovni à des fins d'identification, puis lui fit cette confidence à propos des rapports de la Navy sur les ovnis et de leur destination: « Ils vont d'abord à un comité de douze personnes qui regardent s'ils ont un impact en matière de sécurité nationale.
Si une telle incidence est trouvée, les rapports ne sont jamais diffusés ailleurs.
Les cas pour lesquels le comité ne trouve pas d'impact sont envoyés à l'Armée de l'air ou aux services de la Marine traitant les cas ordinaires d'ovni » (Commandant Graham Bethune, UFO in the North Atlantic: February 10, 1951, publication privée, 1991, à paraître chez AuthorHouse).
Les sceptiques considèrent pour leur part que c'est le mouvement ufologique qui désinforme le grand public en le trompant sur l'état actuel du débat scientifique concernant la nature du phénomène ovni.
Cette idée est reflétée par le titre de certains ouvrages ufosceptiques, tels que UFOs: The public deceived: Selon l'auteur, ceux qui trompent le grand public sont les associations ufologiques qui essaient de propager "l'idéologie" qu'il y aurait des véhicules spatiaux extraterrestres visitant notre planète.
De plus, les sceptiques critiquent les médias qui se font bien trop souvent l'écho de l'hypothèse extraterrestre, sans analyse critique de ce genre de théorie.
Enquêtes françaises la France, également, créa plusieurs organismes de recherche sur le sujet.
Le Groupe d'étude des phénomènes aérospatiaux non identifiés (GEIPAN) était un organisme officiel dépendant du CNES situé à Toulouse et chargé de l'étude du phénomène ovni.

Créé en 1977 sous l'impulsion de Claude Poher, cet organisme avait pour but de réaliser des études sur le phénomène ovni et de coordonner les rapports de la gendarmerie nationale, l'aviation civile, l'armée de l'air et Météo-France en la matière.
Il est l'auteur de nombreuses études statistiques.
Une autre de ses missions était d'informer le public sur les ovnis, en rédigeant les Notes techniques (comme la Note Technique 16 sur le cas de Trans-en-Provence en 1981).
Son premier président fut Claude Poher, de 1977 à 1978.
Au début, celui-ci était seul avec une secrétaire à s'occuper du GEIPAN, mais bénéficiait cependant de la collaboration officieuse d'autres membres du CNES comme Jean-Jacques Velasco.
Il réussira, malgré tout, à obtenir plus de moyens et de personnel.
En 1978, le GEIPAN compte une dizaine de membres et est supervisé par un conseil scientifique de sept savants et ingénieurs (avec entre autres Hubert Curien).
Par ailleurs, d'autres scientifiques français intéressés par les ovnis collaborent avec le GEIPAN, comme Jean-Pierre Petit, et Poher noue des contacts avec certaines associations ufologiques.
Le 30 décembre 1978, Poher, démissionnaire, est remplacé par le mathématicien Alain Esterle, qui sera directeur du GEIPAN jusqu'à sa démission en 1983.
La direction d'Esterle correspond à la période faste du GEIPAN.
Les crédits augmentent et Esterle dynamise l'activité de l'organisation, laquelle travaille alors à pleine vitesse.
En 1983, la hiérarchie du CNES accule Esterle à la démission.

En effet, le GEIPAN et l'armée ont mené des expériences de MHD dans le dos de Jean-Pierre Petit, qui avait pourtant lancé l'idée.
Par crainte du scandale, Esterle est donc congédié.
Jean-Jacques Velasco, spécialiste en optique, le remplace au poste de directeur, entre 1983 et 1988.
Le GEIPAN est alors contesté.
En plus de l'affaire MHD, beaucoup de savants rationalistes contestent la raison d'être du GEPAN, tandis que les ufologues critiquent la réserve et la prudence qu'observe l'organisme sur les ovnis.
De plus, le CNES diminue son soutien au GEIPAN.
À partir de 1983, le Conseil scientifique est supprimé, la publication des Notes techniques arrêtée et l'activité de l'organisme s'essouffle.
Finalement, en 1988, le GEIPAN est remplacé par le SEPRA.
Le Service d'expertise des phénomènes de rentrée atmosphérique (SEPRA) avait deux objectifs: Prévoir et étudier les rentrées atmosphériques de météores et de satellites et analyser les informations concernant les PAN (phénomènes aérospatiaux non identifiés, dénomination officielle des ovnis au CNES).
En 2000, l'étude des rentrées atmosphériques lui fut retirée, l'obligeant à se consacrer uniquement à l'étude des PAN.
Contrairement au GEIPAN, le SEPRA n'a jamais été doté de vrais moyens de mener des investigations rigoureuses, et n'a jamais publié de notes techniques pour rendre publiques ses conclusions.

Le SEPRA ne pouvait pas engager des enquêtes scientifiques de son propre chef, mais avait accès à tous les rapports de gendarmerie sur les ovnis, ainsi qu'aux dossiers des compagnies aériennes sur les observations effectuées par leurs pilotes.
En 2001-2002, le CNES, désireux de supprimer le SEPRA, lança un audit auprès de trente-trois personnalités scientifiques, politiques et militaires, sur la nécessité d'étudier le phénomène ovni.
Le résultat de cet audit, à savoir que l'étude des ovnis peut avoir un intérêt scientifique, sauva provisoirement le SEPRA.
Cependant, en 2004, officiellement à cause de sa réorganisation interne, le CNES décida de supprimer le SEPRA, mais la vraie raison était la prise de position de M. Velasco en faveur de l'origine extraterrestre de certains ovnis et à la publication d'un livre.
Le SEPRA renaîtra cependant de ses cendres en 2005 sous le nom de GEIPAN.
Le Groupe d'étude et d'information sur les PAN (GEIPAN) est placé sous l'égide d'un comité de pilotage qui donne au CNES ses recommandations sur ses orientations et son fonctionnement.
Présidé par Yves Sillard, ancien directeur général du CNES, il comprend quinze membres, représentant les autorités civiles et militaires françaises (gendarmerie, police, sécurité civile, DGAC, armée de l'air) et le monde scientifique (CNRS, Météo-France, CNES).
Parmi les quelque mille six cents cas présents dans les dossiers du CNES, certains restent inexplicables « en dépit de la précision des témoignages et de la qualité des éléments matériels recueillis », après enquête du GEIPAN.

Ces cas sont désignés sous l'appellation de « phénomènes aérospatiaux de catégorie D » ou « PAN D ».
De cette étude menée par des enquêteurs du GEIPAN, ressortent les chiffres suivants: 9 % de cas parfaitement identifiés avec preuve à l'appui (catégorie A); 33 % de cas probablement identifiés sans preuve formelle (catégorie B); 30 % de cas non identifiables par manque de données physiques et/ou imprécision des témoignages (catégorie C); 28 % de phénomènes non identifiés (catégorie D).
À noter que si un établissement public comme le GEIPAN répertorie les cas civils d'enquêtes sur les ovnis, il existe un autre établissement, celui-là militaire (dont l'existence a été rendue publique au Journal Officiel du 12 janvier 1955), la Section d'étude des mystérieux objets célestes, ou SEMOC. Ses archives sont classées secret Défense, contrairement à celles du GEIPAN.
À l'échelle de l'Union Européenne, le "Committee on Energy, Research and Technology" devait étudier l'opportunité d'une recherche sur les ovnis.
En février 1993 le rapporteur de la commission sur ce sujet, le physicien italien Tullio Regge, recommandait la mise en place d'une recherche européenne sur le modèle du SEPRA de l'époque.
Cette résolution ne fut pas discutée au Parlement Européen pour des raisons politiques et budgétaires, mais en aucun cas pour des raisons scientifiques.
La situation à depuis évolué en France avec la création du GEIPAN et la mise en ligne de la totalité de ses archives.
Depuis l'ouverture au public de ces archives le 22 mars 2007, on constate que de nombreuses personnes ayant suivi un cursus scientifique (qu'il s'agisse de pilotes de lignes ou de contrôleurs aériens) ont été témoins d'observations.

Ces observations faites par des personnels soumis régulièrement à des tests psychologiques et recrutés entre autres pour leur bonne vue, sont hautement crédibles.
De nombreuses observations faites par des ingénieurs de l'aviation ont été répertoriées par le GEIPAN.
Enquêtes britanniques la Grande-Bretagne a conduit plusieurs enquêtes au sujet des ovnis.
Le contenu de certaines de ces enquêtes a, depuis, été rendu public.
Enquêtes canadiennes en 1950, le gouvernement canadien crée le projet Magnet, sous l'égide de l'ingénieur James Wilbert Brockhouse Smith, lequel gère le projet jusqu'à sa dissolution en 1954.
Ce projet est marqué notamment par les déclarations de son directeur qui, dès 1953, tient publiquement les propos suivants: « Il apparaît alors que nous sommes face à une forte probabilité de l'existence réelle de véhicules extraterrestres, indépendamment de leur accord avec notre vision des choses. »
Le ministère de la défense nationale a mené des enquêtes sur les ovnis tout autour du Canada, en particulier à Duhamel, en Alberta, à Falcon Lake, au Manitoba, et à Shag Harbour, en Nouvelle-Écosse.
Par ailleurs, dans d'autres pays, l'armée (Royaume-Uni ou Espagne par exemple), les services de renseignement (KGB en Union soviétique), ou des agences civiles (Pérou) ont enquêté sur le phénomène ovni.
L'ufologie est l'étude des phénomènes aérospatiaux non identifiés (PAN).
Il s'agit de recueillir, analyser et interpréter les faits se rapportant aux témoignages d'objets volants non identifiés.

L'ufologie est trop souvent associée à l'étude des engins d'origines extraterrestres.
Ce qui est complément erroné dans la mesure où l'hypothèse extraterrestre subsiste parmi tant d'autres.
Les observations d'ovnis par des témoins peuvent s'expliquer par des phénomènes météorologiques, des prototypes militaires, des rentrées atmosphériques d'astéroïdes ou de satellites, sans oublier de citer les autres hypothèses à ce sujet.
C'est dès les années 40 que l'ufologie a commencé à émerger en même temps que les vagues de témoignages aux USA vers 1947, 1952, 1957-58, en France en 1954.
Comment expliquer ces Pics d'observations ?
L'explosion de la première bombe atomique au site de Trinity, les bombardements d'Hiroshima et Nagasaki en 1945 ainsi que les essais nucléaires dans îles Marshall de 1946 semblent être à l'origine du survol de sites nucléaires et de bases militaires par des ovnis. Sans oublier les nombreuses apparitions durant cette période aux USA et à travers le monde.
En juillet 1952, suite à de nombreux essais atomiques survient une énorme vague d'ovnis.
Les plus grands essais nucléaires de l'histoire des USA, de 1956-57, semblent être à l'origine de la vague de 1957-58.
En décembre 1952, un rapport du renseignement scientifique de la CIA adressé à son directeur signale que " des observations d'engins non identifiés dans les environs des principales installations de défense américaines sont d'une telle nature qu'elles ne sont pas attribuables à un phénomène naturel ou à un type de véhicule connu. "
Il faut savoir que les explosions sur terre, dans les airs ou dans l'océan résonnent dans l'espace.

Il s'agit, entre autres, d'un argument utilisé par les partisans de l'hypothèse extraterrestre.

Des groupes successifs d'études gouvernementales, notamment américains et russes, se sont mis en place pour étudier le phénomène. Leurs conclusions sont restées néanmoins troubles et peu transparentes.

Voudraient-ils protéger la population contre un éventuel choc culturel et un effondrement de notre civilisation? Ne savent-ils tout simplement pas expliquer ces apparitions étranges à l'opinion? chercheraient-ils à dissimuler une autre hypothèse comme la théorie Gaïa (c'est-à-dire que la terre provoquerait toutes ces apparitions pour se défendre?).

Il y a deux types de désinformations selon Joel Mesnard dans son ouvrage " Vérités et mensonges sur les Ovnis " :

La première dite " amplifiante " qui présente le phénomène comme plus présent, plus affirmé, plus menaçant ou plus prometteur, qu'il ne l'est en réalité.

Elle offre ou impose des visions d'ensemble facilement assimilables qui , d'une manière générale, font appel aux sentiments, à l'ignorance, au besoin de détenir des vérités et de pouvoir afficher des convictions fortes.

Ce type de désinformation vise les "braves gens" avec des connaissances modestes et l'esprit critique incertain.

Elle permet d'agir à grande échelle et ne trompe en fin de compte qu'une clientèle assoiffée de sensationnel et de croyances irrationnelles que la réalité des choses intéresse peu.

L'autre désinformation " réductrice " qui ramène tout à des erreurs de perception, à des confusions avec des phénomènes connus, à des affabulations, des délires, des mythes et autres " légendes en gestation ".

Elle proclame rarement le message qu'elle cherche à faire passer: Elle préfère de beaucoup le suggérer, offrant ainsi à ceux qui l'écoutent la délicieuse sensation d'avoir compris par eux même.
La conviction qui en résulte n'en sera que mieux ancrée.
Ce type de désinformation vise plutôt un public restreint de personnes "cultivées", solidement armées pour ne pas tomber dans le piège grossier des croyances chèrement acquises dans les grandes facs et écoles.
C'est sans nul doute la désinformation la plus destructrice, car elle dissuade de s'intéresser à l'ufologie des personnes, qui par leurs connaissances, pourraient la faire progresser.
D'autres parts, on connaît plusieurs courants d'études ou d'interprétations au sujet de l'ufologie: Le courant " astro-archéologique " (Théorie des Anciens Astronautes) dont le précurseur est Erich Von Däniken qui pense que les ovnis d'origine extraterrestre visitent la terre depuis sa création et auraient influencé le développement de l'homme au fur et à mesure de son évolution.
Joseph Blumrich, ingénieur en aéronautique à la NASA, qui s'intéresse aux thèses de Von Däniken, se plongea dans la Bible en y décelant une expédition à bord d'un vaisseau spatial en forme de toupie qu'il assimile à nos LEM (Lunar Modele).
Il publiera "The spaceship of Ezechiel" en 1974 et consacra dès lors son existence à ses recherches.
Le Dr Hermann Oberth, père de l'astronautique moderne ne cacha pas son intérêt pour cette thèse.
L'astro-archéologie et la paléo-visitologie comme disciplines ne s'imposèrent cependant jamais en tant qu'objet d'étude reconnu.

Le courant conspirationniste se diviserait selon moi en deux.
Le premier accuserait le gouvernement américain de collaborer directement avec une intelligence et (Jimmy Guieu,…) et d'autres qui pensent qu'ils auraient récupérer des épaves d'engins venus d'une autre planète afin de les étudier à des fins militaires.
Le courant des ufologues classiques qui étudient généralement le phénomène Ovni de manière objective et grâce à qui on a des informations fiables et dignes d'intérêt.
Ils mènent un vrai travail d'enquêtes et d'analyses de manière objective, même si certains sont plus adeptes de certaines théories que d'autres.
On peut constater par exemple qu'aux USA, les ufologues et même une partie de l'opinion penchent plus vers l'hypothèse extraterrestre (HET) qu'en France où on est plus cartésien et où les ufologues explorent plusieurs hypothèses.
Certains considèrent les soi-disant grands " contactés " comme faisant partie de l'ufologie même si je ne suis pas d'accord avec cette idée.
Je qualifie personnellement Rael (Claude Vorilhon) et Georges Adamski d'imposteurs.
Il y a aussi Daniel Fry qui prétendit avoir été embarqué à bord d'un engin spatial.
Puis Truman Bethurum soi-disant contacté par Aura Rhanes qui vient de Clarion, qui serait charmante.
Sa planète toujours pas découverte ferait partie de notre système solaire.
Enfin, Orfeo Angelucci se serait lié d'amitié avec un " frère de l'espace ". Et enfin Howard Menger.

On accuse la CIA d'avoir utilisé ces personnes pour ridiculiser le phénomène en fabriquant leurs récits de toutes pièces.
(Adamski avait un passeport diplomatique).
Possibilités de confusions.
Néanmoins, il arrive de constater les erreurs d'évaluation, souvent graves, que peut commettre l'œil humain.
Il existe beaucoup de cas de témoins croyant par erreur avoir été poursuivies par des Ovnis alors qu'il ne s'agissait que des planètes Vénus ou Mars.
Une confusion peut en effet être causée par des avions, des hélicoptères, des exercices nocturnes, des satellites, des météorites ainsi que des ondes électromagnétiques, la foudre globulaire, ou des conditions atmosphériques particulières.
Pourquoi s'intéresse-t-on à l'ufologie? Depuis la Seconde Guerre mondiale, des phénomènes aérospatiaux non identifiés (PAN) sont signalés dans le ciel par des avions et à partir du sol par des témoins.
Ils auraient même été observés dans l'espace d'après certains témoignages d'astronautes.
Ces engins se matérialiseraient sous forme de boules lumineuses, de disques volants, de soucoupes volantes ou de triangles volants. Ils sembleraient être dotés d'une technologie à toute épreuve et leurs capacités de déplacements défieraient toutes les lois de la science (les ovnis et leurs modes de propulsions).
" Le phénomène laisse peu de traces de ses incursions en ce monde, et quand il lui arrive d'en laisser, elles sont toujours très insuffisantes pour qu'il en résulte une prise de conscience générale et consensuelle. "

Beaucoup de faits troublants impliquant des objets volants non identifiés sembleraient avoir eu lieu (roswell, Varginha, Kecksburg, Trans-en-Provence, Socorro, l'affaire du Zimbabwe, les lumières de Phoenix…).

Le mystère des ovnis est d'autant plus extraordinaire lorsqu'il est associé à des phénomènes aussi étranges et fascinants que les hommes en noirs, le phénomène des abductions, les mutilations animales, les zones d'anomalies permanentes.

Mais tout cela est-il crédible ? Où en sont nos connaissances, aujourd'hui, sur ce sujet ? Certains remontent à l'époque des Sumériens et à d'autres peuples (Égyptiens, Dogons, Mayas,) pour tenter de comprendre les origines de ce phénomène, apparemment déjà connu depuis des siècles (théorie des anciens astronautes).

Beaucoup de contes folkloriques de l'époque racontant des récits d'enlèvements par des fées, ou des histoires d'elfes semblent se rapprocher du phénomène que nous connaissons aujourd'hui.

C'est ce que tentent de démontrer des auteurs tels que Jacques Vallée ou Fabrice Bonvin.

D'autre part, les mythes auxquelles les Ovnis sont associés ont souvent mené à certaines dérives sectes, croyances occultes,…) que nous évoquons sur ce site.

Étant ouvert à toutes les hypothèses, je m'intéresse de plus en plus à l'hypothèse du système de contrôle de Jacques Vallée qui semble répondre à beaucoup de nos interrogations concernant le phénomène Ovni.

il existerait, selon lui, d'étroites similitudes entre les vieilles histoires du folklore, les légendes médiévales, les mythes du passé, les apparitions religieuses, et le phénomène ovni.

Pour lui, les ovnis ne sont qu'une transposition moderne de manifestations qui remonteraient à un passé très reculé de l'histoire de l'humanité.

Jacques Vallée est convaincu que le phénomène ovni n'est pas d'origine extraterrestre, mais « qu'il apparaît plutôt comme un effet interdimentionnel qui manipule les réalités physiques hors de notre propre continuum espace-temps », et plus loin il écrit, « mon hypothèse est qu'il existe un niveau de contrôle de la société qui fonctionne comme un régulateur de l'évolution de l'homme, et que le phénomène ovni doit être considéré sur ce plan »
(extraits de « Autres Dimensions, Chronique des contacts avec un autre monde »).

Il reconnaît lui-même qu'il est presque impossible d'expliquer à partir de nos théories physiques et cosmologiques actuelles, l'action d'un tel système.

Il est donc fort probable que le phénomène ovni soit régi par des lois physiques dont nous n'avons pas encore découvert les éléments de base, ou qu'il dépende d'une sorte de "superphysique" que nous ne puissions même pas imaginer.

Pour Jacques Vallée, un ovni est à la fois une réalité physique possédant une masse, une inertie, un volume, et des paramètres physiques mesurables, mais c'est aussi une ouverture, ou une "fenêtre", sur des dimensions inconnues de notre propre environnement.

Des pays (l'Ex-URSS, les États-Unis, la France,...) ont mis en place des groupes d'études depuis les années 40 afin d'étudier le sujet des Ovnis (Projet Sign, Projet Grudge, Projet Blue Book, Commission Robertson, Rapport Condon), mais leurs investigations ont souvent manqué de transparence.

La plupart de leurs conclusions sont restées confidentielles ou ont été rendues public, or mis certains documents, dans le seul but de désinformer l'opinion.
Le phénomène semble furtif, discret, brouillé, exotique, incompréhensible, ambigu, paradoxal, intelligent, et très avancé, il poursuit des buts dont nous ne savons rien.
Continuons de nous interroger, de rester ouverts et explorer toutes les pistes sans jamais tomber dans la Croyance.
Il ne fait aucun doute, aujourd'hui, que le phénomène Ovni est bien réel.
Des millions de témoins à travers le monde l'ont observé et il se présente sous diverses formes.
Il reste cependant à en déterminer la nature exacte.
Car comme disait Carl Sagan : " Des affirmations extraordinaires nécessitent des preuves extraordinaires " .

BIOGRAPHIE

Joan Poulet né le 18 octobre 1981, à Béthune dans le Pas de Calais en France .

En 1999 il suit des cours d'employé technique de collectivité ou il décrocha son diplôme donc il commence à travailler à l'age de 17 ans il effectua différent métier, Vendangeur, Cuisinier, Aide-Maternelle, Agent de sécurité, Maître-Chien Brancardier, Agent de nettoyage, intérimaire, Gardien-Animalier, Vendeur, Soudeur.

Le 30 décembre 2000 il et papa d'un fils.

Et le 4 juin 2002 d'une fille.

Le 15 septembre 2007 il se marie.

En juillet 2008 il quitta avec sa femme et c'est 2 enfants le Pas de Calais pour aller rejointe sa mère donc il et très proche qui habita dans la somme en France.

Il commence à écrire un livre sur l'harcèlement suite qui a subi de l'harcèlement au travail en 2002 ou sa patronne le faisait travailler 36 heures d'affiler et elle le menacer de le virer si il quitter le site et le faisait travailler pendant ses congés et si i refuser elle le métrer sur des sites dégradante et risquer.

Et de même en 2016 ou son patron le rabaisser, l'insulter, l'humilier devant c'est clients, amis et d'autre personnes et le menacer que si il garder pas son masque pendant ses horaires de travaille qui allai recevoir un courrier et il le méta en danger en le faisant monter en hauteur sans sécurité c'est la qui commence à déprimer et qui ce tait sa mère voyant qui n'allait pas bien heureusement que sa mère a vue car il aurai fait cette bêtise irréparable.

Sa fille aussi a subis de l'harcèlement en 6 ème ou elle ce faisait frapper, insulter, dégrader, humilier, et un compte anti avec son prénom sur un célèbre réseau social ou ils devient la frapper à mort a la sortie du collège en la filmant et le déposant sur ce réseau social et que sa mère a monter voir sa fille dans sa chambre suite qui travailler car on ne la voyant pas sa petite fille et qu'elle ne l'attendez pas elle étai sur le point de faire irréparable.

Donc cela la beaucoup travailler et il a fait ce livre mettre fin a l'harcèlement qui ce trouve partout.

Joan prend plaisir a l'écriture il continue et continuera à écrire des livres car cela devient pour lui est une passion qui durera.

Ce que Joan dit toujours, écrire, c'est lire en soi pour écrire en l'autre, Ce n'est pas pour devenir écrivain qu'on écrit, C'est pour rejoindre en silence cet amour qui manque à tout amour, entre moi et le monde, une vitre, écrire est une façon de la traverser sans la briser, l'écriture, c'est le cœur qui éclate en silence.

Je dédicace ce livre à ma mère, mon père, mes enfants, ma femme, mes frères a ma famille , amis, amies et sur tous a mes lecteurs.

www.ingramcontent.com/pod-product-compliance
Lightning Source LLC
Chambersburg PA
CBHW050729180526
45159CB00003B/1169